RÉSUMÉ DE GÉOLOGIE

PARIS. — DE SOYE ET BOUCHET, IMERIMEURS, 2, PLACE DU PANTHÉON

PETIT RÉSUMÉ

DE

GÉOLOGIE

ACCORD DE LA SCIENCE

AVEC LA RÉVÉLATION

PAR

M. LE Mis DE ROYS

ANCIEN ÉLÈVE DE L'ÉCOLE POLYTECHNIQUE

PARIS

LIBRAIRIE Vve PALMÉ, ÉDITEUR

22, RUE SAINT-SULPICE

1863

INTRODUCTION

GÉOGÉNIE

Les recherches, qu'il était si naturel pour l'homme de faire sur la constitution du globe qu'il habite, ont amené la découverte d'un grand nombre d'assises, toutes formées dans le sein des eaux, ayant subi plusieurs révolutions qui les ont brisées, disloquées, inclinées en tous sens. Ces couches, dont nous tirons les matériaux de nos constructions, la plupart des métaux, l'argile, la houille, et même le sel, offrent souvent les dépouilles de myriades d'animaux dont les espèces et même les genres n'existent plus aujourd'hui, tandis qu'on n'y retrouve presque point de ceux qui l'habitent encore. Un pareil état de choses indique pour notre planète une antiquité très-reculée, un grand nombre de créations successives, et quelques esprits timorés ont cru voir, dans ces faits que l'étude de la terre livre à nos investigations, une contradiction manifeste avec la magnifique description de la création, sublime début de nos livres sacrés, et ont condamné la science comme impie ou hasardé des explications complètement inadmissibles.

Cependant saint Augustin, dans le dixième livre de ses confessions, avait déja énoncé quelques unes des principales hypothèses que les savants modernes croient avoir découvertes, et il prononce formellement que ces opinions n'intéressent en rien la foi due aux dogmes religieux. Nous citerons dans les temps modernes d'autres autorités. Lorsqu'en 1804, le vénéré pontife Pie VII vint à Paris pour le sacre de l'Empereur, tous les corps de l'état lui envoyèrent des députations. Celle de l'Institut était présidée par le célèbre Cuvier qui, dans son discours, exprima que l'étude de nos terrains lui avait fourni des preuves positives de la vérité du déluge universel, mais que la terre, avant ce cataclysme, présentait l'empreinte de plusieurs révolutions. Le Pape lui répondit que l'existence de ces révolutions et l'ancienneté qu'elles attribuaient à notre planète, n'intéressaient en rien la foi catholique, et qu'il était parfaitement permis de considérer les jours de la création comme des périodes dont rien ne fixait la durée.

Cuvier se trompait en ce qui concernait ces terrains attribués aux courants diluviens. Un prélat non moins distingué par l'éminence de son savoir que par celle de ses vertus, Mgr Rendu, évêque d'Annecy, prouva qu'ils s'étaient produits pendant une période assez longue qui a reçu le nom de période quaternaire. Outre les mémoires où il avait consigné ses observations, il

les développa pendant la session que la société géologique de France tint en 1844, à Chambéry, et dont elle
l'avait élu président. Dans cette même session S. Em.
le Cardinal Billiet, Archevêque de Chambéry, pro-
nonça un discours où, après avoir retracé à grands
traits les grandes révolutions qui ont bouleversé le
globe et dont la Savoie présente de si nombreuses empreintes, il ajouta les paroles suivantes que nous
reproduisons textuellement comme la justification la
plus éclatante de la science géologique :

« Si quelqu'un, dans cet auditoire, pouvait s'effrayer
« de cet aveu nous pourrions le ramener quelque peu
« en lui apprenant qu'à l'exception du déluge dont
« Moyse nous parle dans la Genèse, tous les autres
« grands bouleversements qu'a éprouvés la surface du
« globe ont eu lieu dans ce qu'on est convenu d'appeler
« les temps géologiques. Or, ces temps ont précédé la
« création de l'homme et par conséquent aussi la chro-
« nologie de Moyse qui ne commence qu'à Adam. Ces
« anciennes révolutions ont dû ensevelir à différentes
« profondeurs les végétaux et les animaux qui, alors,
« existaient déjà ; l'homme n'a pu en être la victime
« puisqu'il n'était pas encore créé. En effet, en creu-
« sant dans les entrailles de la terre, on y trouve des
« débris de plantes et d'animaux en abondance, ja-
« mais d'ossements humains. Ainsi, les découvertes
« de la géologie confirment le récit de la Genèse,
« loin de le contredire. »

On n'a en effet, découvert aucune trace du séjour de
l'homme sur la terre antérieurement à la période que
nous venons de nommer quaternaire, pendant laquelle

l'homme a été créé et s'est prodigieusement multiplié.

Fort de l'autorité de saint Augustin et des éminents prélats que nous venons de citer, nous avons voulu étudier le texte sacré, vérifier ainsi si les traductions habituelles en représentaient le véritable, l'unique sens. Les commentaires que le second verset de la Genèse donne sur le mot *terre* du premier verset, nous ont prouvé que ce que Dieu avait créé *au commencement* avec *les cieux*, n'était point le globe que nous habitons, puisque Moyse dit qu'elle était *sans vie et sans forme et que les ténèbres couvraient la face de l'abîme.* Evidemment, c'était là le *chaos* des Grecs, selon Ovide, ou plutôt, comme le dit saint Augustin, la *matière première*, l'élément matériel, pour employer le langage des savants actuels, qu'il soit unique, comme le supposent quelques-uns, ou qu'il renferme les corps que la chimie moderne appelle *simples* et qu'elle devrait plutôt nommer indécomposés. Saint Augustin pense également que le mot traduit par *cieux* désigne les êtres immatériels que nous nommons effectivement *esprits célestes.* Ainsi ce premier verset indique la création de la substance spirituelle et de la substance matérielle à laquelle il fallait donner la forme et la vie qui lui manquaient. C'est alors que Moyse emploie cette expression que Longin trouvait si sublime, *Dieu dit*, et dans laquelle saint Augustin voit exprimée l'action du Verbe divin, suprême principe de *causalité*, venant disposer et mettre en ordre la substance matérielle créée par la toute-puissance du Père, suprême, principe de *substantialité*, pour employer les expressions par lesquelles la philosophie moderne tâche de distinguer les attributs des deux premières personnes divines. Ajoutons que le Saint Esprit, esprit de lumière, se trouve également caractérisé par la phrase six fois répétée : *Et Dieu vit que cela était bon.*

Les six actes de la mise en ordre de cette *matière première* ou plutôt de la substance matérielle ont, pour les trois premiers, séparé les fluides impondérables désignés par le mot *or* lumière, le second les gaz pesants désignés par le mot *rakiah* traduit ordinairement par *firmament*, le troisième la matière liquide (*maïm*) de la matière solide, et remarquons qu'ici la vulgate rend par *arida*, matière sèche, le mot hébreu *haaretz* traduit partout ailleurs par *terre*. Il est facile de reconnaître ici les quatre éléments des anciens philosophes, le feu, l'air, l'eau, la terre. Par ce mot d'éléments, ils exprimaient les quatre états que la matière peut présenter et non les substances qui entrent dans la composition des corps. L'opinion de Thalès qui regardait l'eau comme l'élément primitif, celle d'Anaxagore qui attribuait le même rôle à l'air, nous prouvent qu'ils ne devaient qu'à la tradition la connaissance de ces quatre prétendus éléments. Les fluides impondérables leur étaient si peu connus que le feu, comme on peut le voir par la fable de Prométhée, était pour eux le principe vital.

Le quatrième acte fut la division de la matière en globes immenses circulant dans les espaces célestes parmi lesquels Moyse signale particulièrement le soleil, centre de notre système planétaire et la lune satellite de notre terre et qui, lui renvoyant la lumière qu'elle reçoit du soleil, éclaire une grande

partie de nos nuits. Quoique Moyse ne l'exprime pas
formellement, il est évident pour nous que notre terre
fut alors formée et lancée dans son orbite autour du
soleil, car les quatre premiers commandements du
Verbe divin s'adressent visiblement à l'élément matériel, la matière première de saint Augustin, les deux
suivants concernent exclusivement la terre et la vie
organique par la production des animaux, le cinquième des ovipares, le sixième des mammifères. Pour
ces deux derniers actes nous devons faire remarquer
que loin d'annoncer une création immédiate de la
totalité des animaux, le texte sacré porte pour les
ovipares, *Dieu ordonna à la matière liquide de produire, etc.* ; et pour les mammifères : *Dieu ordonna à la
matière solide, etc.* Ces commandements placèrent donc
sur la terre une puissance de vie, si l'on peut s'expri-
mer ainsi, qui devait se développer successivement
dans des organismes appropriés à la température et aux
milieux dans lesquels ils devaient vivre selon les lois
éternelles de la Providence divine, ce qui s'accorde
parfaitement avec les observations de la science moderne et les découvertes géologiques. La création de
l'homme vint couronner cette grande manifestation
de la toute-puissance de Dieu qui le doua d'une in-
telligence immatérielle faite à son image, et il paraît
certain, d'après toutes les investigations des savants,
qu'aucun être nouveau n'a paru après lui sur la terre,
ce qui nous semble exprimé par l'Écriture disant que
Dieu se reposa.

Après chacun des actes de la création se trouve répétée la phrase qu'on a traduite ainsi : *Et le soir et le*

matin furent le..... jour. Convaincu que les actes de
la mise en ordre de la substance matérielle ne pouvaient être renfermés dans une durée de vingt quatre
heures, frappé d'ailleurs de l'espèce de contradiction
que renferme cette phrase, car le soir et le matin ne
sont que de courtes fractions de la journée et ne peuvent la constituer tout entière, qu'ils y sont même
placés dans un ordre inverse de celui où ils se présentent naturellement, nous avons dû chercher si c'était
bien là réellement le sens des expressions originelles.

Le mot hébreu *héreb* que l'on traduit par *soir* et dans
lequel on reconnaît l'*Erèbe* des Grecs, signifie littéralement désordre, confusion. Il est facile de concevoir
qu'on l'ait appliqué à ce moment de la journée où tous
les objets senblent se confondre dans l'obscurité et
cessent d'être distincts. Le mot *Boker*, traduit par
matin, est le participe présent du verbe *bakar*, mettre
en ordre, disposer ; et on a pu l'appliquer à *matin*,
parce que les progrès de la lumière paraissent remettre
en ordre les objets qui s'étaient confondus dans la
nuit. On le voit : c'est là le sens propre, primitif, des
mots employés par Moyse. Ainsi le commencement de
la phrase, en le traduisant mot à mot de l'hébreu, serait : *Et il y avait eu désordre et il y eut ordre*. Cette in-
terprétation est rationnelle, car à chacune de ses ma-
nifestations, l'action du Verbe Divin faisait passer la
matière première d'un état de confusion à un état
d'ordre relatif, il y avait réellement arrangement.
Quant au mot *iom* jour, on sait que dans les langues
anciennes, souvent même encore dans les modernes,
ses équivalents sont fréquemment employés pour dési-

gner un grand fait, un événement extraordinaire, il n'y avait donc rien que de naturel à compléter ainsi la phrase telle que nous venons de la traduire, *première... grande manifestation.* Nous le répétons, cette traduction est conforme au sens primitif des mots employés par Moyse. Elle ne précise rien quant à la durée du temps qui s'est écoulé. Nous accusera-t-on de chercher à amoindrir l'idée de la Toute-Puissance divine en étendant son action, peut-être à des milliers de siècles, au lieu de la concentrer dans six jours? Le premier, le plus inexplicable des prodiges, c'est la substance matérielle apparaissant tout à coup au milieu des espaces vides, du néant, par le seul fait de la volonté de Dieu. Voilà ce qui dépasse et dépassera toujours la faible portée de nos intelligences. Que la préparation de cette matière inerte, pour la douer de la forme, du mouvement, de la vie, n'ait duré que six jours, ou qu'elle se soit majestueusement développée pendant une longue suite de siècles suivant des lois constantes, qu'importe pour l'Etre infini, éternel, immuable pour lequel l'espace et le temps ne sont pas. Ajoutons qu'en trouvant à l'intérieur de la terre des couches portant visiblement le caractère de dépôts sédimentaires, présentant des multitudes de débris d'animaux dont les espèces n'existent plus aujourd'hui, il est impossible de ne pas croire à une longue durée. Dieu propose à notre foi des vérités concernant un ordre d'idées supérieures à la portée de notre savoir mais non contraires à la raison. Il ne peut nous ordonner de croire un fait que tout démentirait.

Le célèbre Laplace qui, malheureusement, n'était

pas croyant, a proposé, sur l'origine des mondes planétaires, une hypothèse qui s'accorde assez bien avec le système cosmogonique de Moyse. Il suppose que la matière première, toute entière à l'état gazeux, a été divisée en une multitude de masses tournant chacune rapidement autour de son axe, et dont les particules venaient se condenser autour du centre et sur d'autres points placés à diverses distances. Le centre de la masse a formé le soleil; les autres centres de condensation, les planètes. L'aplatissement extrême, que doit contracter une masse gazeuse tournant rapidement autour d'un axe, rend compte de la situation des planètes à très-peu de distance de l'Écliptique, plan des grands axes de la masse primitive perpendiculaire à l'axe du soleil et passant par son centre. De cette hypothèse qui peut très-bien se concilier avec la cosmogonie de la Genèse, résulte une conséquence que Laplace n'avait certainement pas prévue. Le mouvement de rotation du soleil sur son axe serait le principe du mouvement des planètes dans leurs orbites, ce qui nous paraît très-vrai. Ainsi, pour suspendre la fin du jour, Josué aurait eu parfaitement raison d'ordonner au soleil de s'arrêter, ce qui arrêtait en même temps tout le système planétaire.

Le globe terrestre avait donc primitivement dû se condenser à l'état liquide, toute la matière qui le formait étant fondue par la haute température qui lui était propre. Toutes les substances qui y existent aujourd'hui à l'état liquide, l'eau surtout, étaient dans l'atmosphère à l'état de vapeur. La vapeur d'eau, étant beaucoup plus légère que l'air atmosphérique, s'éle vait dans la partie supérieure, en contact avec les espaces demeurés vides par la condensation de la matière qui y existait à l'état gazeux, et remplis seulement par l'*Ether*, nom que l'on a donné au fluide impondérable que la science actuelle tend de plus en plus à proclamer unique, et qui par les modifications de son mouvement paraît devenir *lumière, chaleur, électricité, magnétisme*. Fourrier et Swamberg, par trois méthodes différentes, ont cherché à évaluer la température de ces espaces vides, et l'ont toujours trouvée égale, à très peu près, à cinquante degrés centigrades au dessous de la glace fondante. Au contact de ce froid si intense, les vapeurs devaient se condenser rapidement et tomber, en véritables torrents, sur le sol brûlant de la terre dont elles enlevaient le calorique pour passer de nouveau à l'état de vapeurs, s'élever au-dessus de l'atmosphère, s'y condenser encore et retomber.

D'après les évaluations les plus modérées, on ne peut évaluer à moins d'une couche de quinze cents mètres de puissance autour du globe terrestre la quantité d'eau existante, tant à l'état liquide qu'à l'état latent ou en combinaison et qui alors était libre. Si l'on réfléchit à l'immense quantité de calorique nécessaire pour vaporiser de nouveau une telle masse; si on considère ensuite que toutes les substances qui entrent dans la composition de la surface de la terre, même fondues, sont en général de très mauvais conducteurs du calorique, que c'était donc à la partie tout à fait superficielle qu'était enlevé tout celui qui était ainsi absorbé, on conclura que la surface du globe ne

dût pas tarder à passer à l'état solide sur une épaisseur
suffisante pour que l'eau put bientôt persister en
grande partie à l'état liquide, quoique à une température encore très-élevée, à cause de la pression de l'atmosphère qui contenait une immense quantité de vapeurs et d'acide carbonique, dont ont été formés nos
utiles dépôts de combustibles. L'eau est très-mauvais
conducteur du calorique, mais celle qui, vers la surface, était refroidie par l'évaporation, devenue plus
pesante que celle des couches inférieures, descendait
jusqu'au contact du sol solide et s'y réchauffait. Il
dût ainsi se former dans son sein un double courant,
celui des eaux refroidies descendant au fond et celui
des eaux qui s'y étaient réchauffées remontant vers la
surface C'était donc le sol solide qui se refroidissait.
Cette absorption prompte de son calorique ne pouvait
se réparer que très-lentement, les roches qui composent cette croûte, même les plus anciennes, étant très-
mauvais conducteurs du calorique. Elle devait donc
se contracter et presser très-fortement la partie encore liquide du centre, en sorte qu'au bout d'un temps
assez court la force de cohésion de ses parties ne pou-
vant résister à la tension à laquelle elles étaient soumises, elle devait se fendre, et le liquide central
faire irruption par les fissures, en soulever les bords,
et se répandre autour jusqu'à une certaine distance.
Ainsi la surface de cette enveloppe solide, primitivement horizontale, c'est-à-dire ayant la forme d'un
sphéroïde aplati aux pôles que prend nécessairement,
par une rotation rapide, une substance liquide, pré-
senta des inégalités. Les eaux se réunirent dans les dé-

pressions et les parties soulevées demeurèrent à sec.

Quoique la température superficielle eût singulièrement diminué, elle devait être encore très-élevée, surtout si on la compare avec celle de l'époque actuelle. L'évaporation devait donc être immense et suivie de pluies torrentielles. La violence de leur choc désagrégeait les sommités desséchées et en entraînait les débris dans les dépressions qu'ils auraient comblées, rétablissant l'horizontalité, si le refroidissement de la croûte n'eût déterminé de nouvelles ruptures et de nouvelles éruptions du liquide central. Cette croûte s'épaississait toujours, soit par la consolidation du liquide intérieur, soit par le transport, dans les dépressions, des détritus arrachés aux parties émergées. Elle offrait donc une résistance de plus en plus grande à de nouvelles ruptures. Les pluies, toujours très-abondantes, diminuaient cependant de violence. Les ruptures devinrent donc moins fréquentes, et en même temps le soulèvement du bord des fissures et l'éruption du liquide central produisirent des sommités de plus en plus élevées. Les plus anciennes ont formé sur le sol des rides à peine perceptibles. M. Elie de Beaumont en a cependant constaté un certain nombre, mais évidemment un nombre plus considérable encore les avaient précédées. Les plus récentes ont produit les hautes chaînes de nos montagnes, les Pyrenées, les Alpes, les Cordilières, l'Hymalaya.

La vie végéta'e avait commencé dès qu'il y eut des sols émergés. La vie animale commença dans les eaux réunies au fond des dépressions, dès que la température superficielle se fut assez abaissée pour que des eaux y persistassent constamment à l'état liquide. L'atmosphère, chargée de tant de vapeurs et d'une telle quantité d'acide carbonique, exerçait une pression qui leur permettait de se maintenir liquides à une température bien supérieure à celle de notre eau bouillante, mais les animaux qui existent dans nos eaux thermales prouvent que malgré cette chaleur la vie organique pouvait se développer. On ne doit donc pas s'étonner de trouver de nombreuses dépouilles d'animaux dans des couches très-anciennes, car, tant que l'eau ne persistait pas, il ne pouvait y en avoir. Aussi, au fond des bassins les plus anciens, trouve-t-on des couches entièrement dépourvues de fossiles, que, par ce motif, M. Barrande a nommées *terrains azoïques*. Dans les assises où la vie s'est d'abord développée, la majorité des animaux conservés avait des enveloppes cornées ; les premiers mollusques sont assez rares et leur têt très-mince, mais à mesure que le calcaire est devenu plus abondant et leur a par conséquent fourni la matière dont ils avaient besoin pour secrêter leurs coquilles, ils se sont rapidement multipliés. Il est à remarquer que les plus anciens sont surtout des céphalopodes, dont l'organisme est le plus élevé de cette classe, ce qui montre la fausseté de l'opinion de Lamark qui a avancé que l'organisme prenait des développements successifs depuis les plus inférieurs jusqu'à l'homme.

L'immense quantité d'acide carbonique contenu dans l'atmosphère et que sa pesanteur concentrait dans la partie la plus inférieure, le rendait tout-à-fait impropre à la respiration. On ne doit donc pas s'étonner de ne point rencontrer d'animaux terrestres dans ces premiers débris. Mais, réuni à la chaleur et à l'humidité, il rendait le sol émergé très-propre à la végétation la plus luxuriante, ce qui contribuait à l'absorber et à purifier l'air, et a permis le développement d'animaux d'ordres plus élevés, d'abord de sauriens dont les premiers furent probablement aquatiques, et plus tard des oiseaux. Les plages sablonneuses de cette époque nous ont conservé quelques empreintes de leurs pieds.

Lorsque l'enveloppe solide du globe, devenue plus épaisse, put résister plus longtemps à la pression du liquide central, les ruptures, comme nous l'avons dit, devinrent moins fréquentes. Son élasticité la rendait susceptible d'une certaine extension. Au moment où elle éclatait, elle reprenait son volume normal, laissant de larges ouvertures où s'élevait le liquide comprimé, soulevant à d'assez grandes hauteurs les lèvres des fissures, et où se précipitaient en même temps les eaux superficielles. Au contact de cette matière brûlante, l'eau se vaporisait rapidement et, s'élevant dans les régions supérieures de l'atmosphère, s'y condensait pour retomber en pluies torrentielles, comme aux premières époques. Ainsi se produisaient d'immenses cataclysmes, de véritables déluges. Si les fissures multipliées, comme cela a dû évidemment arriver aux dernières époques dans une croûte si souvent fracturée, divisaient la partie solide en grandes plaques qui, avant la consolidation définitive, devaient osciller plusieurs fois, on conçoit que la nape d'eau, produite sur toute la surface du globe par cette vaporisation com-

plète, ait pu s'élever au-dessus des plus hautes montagnes existant antérieurement, comme Moïse l'a écrit
du déluge qui a eu lieu depuis la création de l'homme.
Nous espérons qu'on ne s'étonnera pas de nous voir
considérer le déluge comme un de ces phénomènes
que nous appelons naturels parce qu'ils sont une conséquence des grandes lois que Dieu a imposées à la
matière. Pourquoi Dieu ne se serait-il pas servi d'une
de ces révolutions pour châtier l'humanité coupable?
n'étaient-elles pas son ouvrage? C'est par un effet de
cette vanité, cause de toutes nos erreurs, que nous voulons que Dieu ne puisse nous punir qu'en dérogeant
aux lois de la nature. La punition prend plus de force
lorsque nous la voyons être le résultat d'un fait naturel, que nous n'avons pu ni prévoir ni prévenir. Dieu
sans doute a souvent dérogé, pour l'homme, aux lois
naturelles, mais il nous semble plus digne de son infi-
nie miséricorde, de penser que c'est en faveur de l'humanité que ces dérogations ont eu lieu, et que, lorsque
sa justice a dû punir, c'est par l'effet des lois de la
nature que le châtiment est tombé sur nous. L'homme,
dans son orgueil, se regarde comme le roi de la nature. Le châtiment ne prend-il pas une nouvelle force
lorsqu'il voit combien il lui est impossible de se sous-
traire aux terribles effets de ces lois? L'intervention
toute spéciale de Dieu est visible dans le déluge par
l'avertissement et les ordres qu'il donne à Noé. Cent
ans à l'avance, il le prévient de la catastrophe, et lui
prescrit de construire une arche pour se dérober, lui,
sa famille et les animaux qu'il voulait conserver, aux
fureurs du cataclysme. L'historien juif Josèphe nous

apprend que Noé ne cessa, pendant les cent ans qu'il employa à ses travaux d'avertir ses contemporains, mais ils ne tinrent aucun compte de ses avis.

Nous croyons pouvoir en dire autant de la catastrophe qui détruisit Sodôme, Gomorrhe et les autres villes de la pentapole. L'empressement que les anges mettent à faire partir Loth et sa famille semble indiquer une espèce de crainte qu'elle n'éclate avant leur départ. La montagne Papandayang, île de Java, s'abîma pareillement dans la nuit du 11 au 12 août 1772. Le sommet parut enflammé. Les habitants effrayés s'enfuirent, mais, avant que tous fussent à l'abri, elle fut engloutie avec un fracas semblable à une forte détonation d'artillerie ; trois mille personnes périrent, plusieurs villages furent détruits. La montagne est remplacée par un lac qui a quinze milles de long sur six de large. Il est impossible de trouver plus d'analogie.

De nombreuses observations, dont les premières sont dues à Cordier, prouvent que la température s'accroît rapidement lorsqu'on s'enfonce en terre. On a trouvé un degré d'accroissement par $30^m\,87$ à Paris, 27^m en Cornouailles, 13^m à Carmeaux (Tarn), Montemani (Toscane), $12^m\,57$ à Newcastle, 12^m à Decise (Nièvre) : $10^m\,50$ à Neuffen (Wurtemberg, observation du Comte de Mendelslohe). Il n'est pas certain que cet accroissement se continue régulièrement à de très-grandes profondeurs, mais comme il faudrait alors $61{,}740^m$ à Paris et seulement $21{,}000$ à Neuffen pour atteindre la température de 2000 degrés à laquelle la plupart de nos roches se fondraient, on peut penser que l'épaisseur de la croûte solide est variable. Les moindres épaisseurs se trouvent, comme on pouvait s'y attendre, dans le voisinage des volcans récents éteints ou en activité.

Dans toutes les carrières exploitées, même pour les roches les plus dures, on sait qu'elles sont imprégnées d'une quantité très-notable d'eau connue des ouvriers sous le nom d'eau de carrière, qui les amollit et les rend plus faciles à travailler. Ainsi les silex de la craie, au moment de leur extraction, se taillaient très-facilement quand on en tirait les pierres à fusil, ce qui devenait impossible quand ils étaient desséchés. Plus on s'enfonce, plus cette quantité d'eau augmente, comme on le remarque dans les galeries les plus profondes de nos mines.

Il est donc facile de conclure que l'eau pénètre dans toutes les profondeurs de la croûte solide du globe, même à travers les roches les plus compactes, à plus forte raison, à travers les roches schisteuses, arénacées, les grès, les ardoises, les calcaires. La température augmentant rapidement à mesure que l'on descend, ces roches seraient bientôt sèches si l'eau ne s'y renouvelait pas. Il y a donc, à l'intérieur de ces roches, une filtration continue, et malgré la haute pression, quand cette eau pénètre jusqu'au liquide central, elle se vaporise et, surtout aux points où la croûte, plus mince, exerce sur ce liquide une pression produisant nécessairement des mouvements qui se communiquent à l'enveloppe solide. Ainsi ont lieu les tremblements de terre et même, lorsque l'eau arrive en grande abondance comme dans le voisinage des mers ou des grands lacs, les éruptions volcaniques.

Constant Prévost pensait que cette vapeur pénétrait le liquide central, à sa surface, comme l'acide carbonique le fait dans l'eau de seltz, la bière, les vins mousseux. Si, dans une de ces bouteilles, le bouchon n'est pas maintenu avec une grande force, il saute avec fracas, et la plus grande partie de la liqueur s'échappe par l'orifice en forme de mousse. L'observation nous paraît confirmer cette théorie. Dans les éruptions s'échappe d'abord une énorme quantité de vapeur d'eau sous forme de fumée, entraînant cependant des parcelles du liquide central qui se répandent au loin en *cendres* ou *lapilli*. Les roches qui obstruent le conduit sont lancées quelquefois à une grande hauteur, puis la lave s'écoule en napes ou coulées. Cette lave est tellement imprégnée d'eau que lorsque l'impression du froid extérieur en consolide la superficie, cette croûte se fend par la compression qu'elle exerce sur la partie intérieure encore liquide, et par ces fissures sort encore de la vapeur d'eau en fumée, et cette eau est quelquefois assez abondante pour simuler, au milieu de la nape, de petites éruptions. Ces faits, constatés par tous les observateurs, nous paraissent confirmer la théorie que nous avons donnée sur les révolutions du globe.

Ce que nous venons de dire ne s'applique pas seulement aux éruptions volcaniques actuelles, mais à celles de toutes les époques, même aux porphyres qui ont paru, pendant des périodes où la chaleur superficielle du globe était beaucoup plus considérable. L'eau qu'ils contenaient, se vaporisant plus vite et plus complètement parce que le refroidissement était plus lent, la roche prenait un aspect plus massif. Les beaux travaux de M. Delesse ont constaté l'intervention considérable de l'eau dans l'émission de toutes ces roches et du granite, comme dans les trachytes, les basaltes et les laves.

Nous venons de dire que dans les périodes anciennes la chaleur superficielle du globe était plus grande. Bien que les matières qui composent la croûte solide soient de très-mauvais conducteurs du calorique, elles le transmettent cependant à la longue. Lorsque cette croûte était très-mince, cette transmission étant plus rapide, la surface s'élevait à une très-haute température. Ainsi dans la période houillère, dans les zones aujourd'hui glaciales croissaient des plantes voisines de celles de nos contrées équatoriales ; la température superficielle ne pouvait donc guère être au-dessous de 50 à 60 degrés centigrades. Quelque temps encore après, on ne remarque pas l'influence des climats, qui ne commence à être bien sensible que vers la période crétacée. Aujourd'hui la chaleur superficielle de la terre paraît presque entièrement due à l'action des rayons solaires. Le capitaine Ross a trouvé en été, au pôle magnétique qui paraît être en même temps le pôle froid, une température de 50° au-dessous de zéro. Si ce chiffre est réellement celui des espaces vides, il en résulterait que la surface de la terre n'est plus échauffée aujourd'hui que par le soleil, et ne pourrait se refroidir davantage que si le soleil venait à se refroidir. Ce sont les rayons de cet astre qui, tombant plus ou moins obliquement à la surface de la terre, y produisent les climats qui n'ont pu commencer à être bien sensibles que lorsque la chaleur centrale n'a plus été suffisante pour produire partout une température d'au moins 30°. Le refroidissement du sol a pu être apprécié par MM. Deshayes et Elie de Beaumont, par des considérations tirées, le premier des mollusques, le second des végétaux depuis le commencement de la période tertiaire. A Paris, où la température moyenne est aujourd'hui de 11° elle devait s'élever à 25° environ au milieu de la période *éocène*, à près de 20° dans la période *miocène*, de 14° à 15° dans la période *pliocène*. Si aujourd'hui la chaleur centrale n'influe plus sur la température superficielle, il en résulte que celle de l'enveloppe solide tout entière demeure invariable et que toute celle qui est transmise de l'intérieur se dissipe par les actions réfrigérantes, le rayonnement vers les espaces célestes et l'évaporation des eaux. Cette dernière cause n'est point encore insignifiante. M. Gauthey, dans les études préliminaires pour la construction du canal du centre, a constaté que l'évaporation, en Bourgogne, enlève 1ᵐ 26 par an aux eaux courantes ou stagnantes. La croûte solide ayant une température invariable, son volume ne peut plus changer, elle ne pèsera donc plus sur le liquide central qui perdra toujours de sa chaleur par la transmission lente et les émissions volcaniques. Il doit donc se produire à l'intérieur des vides qui s'accroissant toujours deviendront probablement la cause de la fin de l'époque actuelle. Ainsi elle ne pourra se terminer, comme les précédentes, par un cataclysme diluvien. C'est là effectivement ce que Dieu annonça à Noé, à sa sortie de l'arche.

GÉOLOGIE

I

Nous avons expliqué la cause des révolutions subies par le globe terrestre. La chaleur superficielle, immense vers l'origine, a graduellement diminué jusqu'à l'époque actuelle, où elle semble être due uniquement à l'influence du rayonnement solaire. A diverses reprises, les roches de l'intérieur de la terre, encore à l'état liquide, sont venues faire éruption et se répandre autour des fissures ou des fractures par lesquelles elles surgissaient en masses considérables telles que les granites, en nappes comme les porphyres et les basaltes, en coulées comme les laves modernes. Ainsi la force éruptive a été en diminuant à mesure que l'épaisseur de l'enveloppe solide s'accroissait. Cet accroissement d'épaisseur avait une double cause : d'abord la solidification par le refroidissement des roches liquides les plus extérieures ; en second lieu, l'action des pluies dont les eaux entraînent toutes les particules désagrégées des parties les plus hautes jusque dans le fond des vallées, et même jusqu'aux lacs et aux mers où elles finissent par se rendre.

Les pluies sont dues à l'évaporation des eaux superficielles, s'élevant jusqu'aux couches supérieures de l'atmosphère sous forme de vapeur, et là se condensant et retombant à l'état liquide et même solide (la neige, la grêle). Il est évident que la quotité annuelle des pluies a toujours été en diminuant, par suite du refroidissement superficiel ; ainsi la puissance et l'étendue des dépôts sédimentaires dont l'origine est due aux détritus arrachés aux sommités, a dû aller toujours en diminuant. C'est en effet ce que l'observation a pleinement confirmé. Il nous a paru utile, pour les personnes qui n'ont point étudié la géologie, de donner une esquisse très-succincte de la succession des terrains ainsi formés, des noms qu'ils ont reçus et de la manière dont on parvient à les distinguer.

II

D'après ce que nous avons dit, au moment où la surface de la terre était à l'état de fusion ignée,

toute l'eau était vaporisée, et, se condensant dans
les parties supérieures de l'atmosphère, retombait
sur le sol plutôt comme un véritable torrent que
comme pluie, pour se vaporiser de nouveau à ce
contact brûlant. La quantité de calorique ainsi en-
levée était immense, et comme toutes les roches
connues sont très-faiblement conductrices du calorique, soit à l'état solide, soit à l'état liquide,
la partie tout à fait superficielle se refroidissait assez pour se consolider, mais sous le choc de ces
torrents d'eau, elle devait se broyer et se réduire
à peu près en poudre, jusqu'au moment où l'é-
paisseur devint assez forte pour que l'eau pût persister à l'état liquide et rompre ainsi la violence
du choc de ces effroyables pluies. M. Cordier
croyait que cette première enveloppe, formant
la consolidation la plus ancienne, était composée
de talcites. Le talc, minéral peu cristallisable et à
peu près infusible, très-doux au toucher, très-peu
consistant, assez léger, devait, d'après lui, former
la partie superficielle, et se consolider en feuillets
minces, ce qu'en géologie on nomme schistes. Il
pensait qu'il y en avait encore appartenant à cette
première consolidation, n'ayant pas été broyés ou
entraînés hors de la place où ils s'étaient consoli-
dés. Mais comme les talcites, pilés et entraînés par
un courant d'eau, se reforment en schistes tout à
fait pareils, il n'est pas possible, toujours d'après
M. Cordier, de distinguer la partie primitive de

la partie sédimentaire. Si, avec la plupart des géologues actuels, on ne veut pas considérer ces schistes comme primitifs, c'est partout au granite, roche composée de feldspath, quartz et mica, que l'on arrive au-dessous des terrains sédimentaires les plus anciens.

Il ne faudrait cependant pas croire que toutes les roches granitiques appartinssent à cette première consolidation. Celui qui forme au centre de la France un vaste plateau dont la hauteur moyenne est de 750 mètres au dessus du niveau de la mer, paraît antérieur à tous les terrains sédimentaires dont les plus anciens viennent butter contre lui. Il est à petits grains, et sur plusieurs points surmonté par des granites à gros cristaux de feldspath, qui l'ont traversé et y ont formé des filons. Ces derniers, visiblement plus récents, contiennent d'autres minéraux. Ainsi dans un de ces granites, près de Tulle, outre de très-gros cristaux de feldspath, on en trouve de tourmaline noire très-volumineux.

Ce granite ancien est recouvert de gneiss, roche composée de feldspath et de mica, ayant la texture schisteuse ou plutôt stratiforme, et de micachiste formé de feuillets minces de quartz, séparés par des lits de lamelles de mica. Ces deux derniers terrains, antérieurs à tous les terrains sédimentaires, sont regardés par M. Cordier comme s'étant formés par la consolidation graduelle et régulière, et ayant été soulevés par le granite. On voit bien des passages du granite au gneiss où il est difficile de discerner à quelle roche ils appartiennent. Mais M. Cordier pouvait l'expliquer par la chaleur du granite au moment de son éruption. Elle devait amollir le gneiss, s'il était déjà formé, et comme les éléments des deux roches sont les mêmes, elles pouvaient se confondre.

Malgré l'opinion d'un très-grand nombre de géologues qui voient, dans le gneiss et le micachiste, des dépôts sédimentaires métamorphisés par la chaleur apportée par le granite, l'opinion de M. Cordier nous paraît assez probable. Il est certain que les progrès du refroidissement à l'intérieur consolident lentement les roches en fusion, et que cette consolidation s'opérant par couches, doit présenter l'aspect de strates. Les soulèvements ont dû amener au jour ces roches à apparences stratiformes.

Des granites ont surgi à toutes les époques géologiques. Ceux des Pyrénées ont soulevé le terrain nummulitique, étage tertiaire inférieur. Ceux mêmes des Pyrénées orientales et de la chaîne principale des Alpes pourraient n'avoir surgi qu'après les terrains tertiaires supérieurs. Le massif du Mont-Blanc qui en fait partie, n'est point en granite, mais en protogine, roche formée de quartz, de talc et de l'espèce de feldspath nommée albite, à base de soude. On a prétendu que c'était une roche métamorphisée et qu'elle conservait encore quelques traces de sa stratification antérieure.

III

Au-dessus de ces terrains primitifs s'étendent les terrains sédimentaires. Lorsqu'on examine une assise de ces derniers terrains, il est assez rare qu'on n'y trouve pas quelques débris de corps organisés, plantes ou animaux. A quelque distance qu'on la suive, on trouvera toujours les mêmes dans toute l'épaisseur de l'étage. Mais si on passe à l'étage qui le recouvre ou à l'étage inférieur, le plus grand nombre des espèces sera tout différent, et si quelques-unes s'y rencontrent, elles y seront très-rares. La généralité de cette loi a été constatée pour la première fois par le célèbre géologue français Alexandre Brongniart, et toutes les observations postérieures l'ont pleinement confirmée. Il en résulte qu'on peut aujourd'hui, à l'aide de ces corps organisés qui ont reçu le nom de fossiles, assigner avec certitude le rang qu'une couche, reconnue dans un pays quelconque, doit occuper dans l'échelle générale des terrains, sans avoir besoin de la suivre à de grandes distances ; et si on rencontre une assise qui en soit totalement dépourvue, on peut également en déterminer la position, si on peut déterminer, par leurs fossiles,

les rangs des assises supérieure et inférieure. C'est ainsi que la Société géologique de France, après avoir bien reconnu, dans les Alpes de la Savoie, les assises du *lias* et de l'*infra-lias* parfaitement déterminées par les fossiles qu'y avait trouvés M. l'abbé Vallet, a pu s'assurer qu'un puissant étage dépourvu de fossiles, qui leur est inférieur appartenait au *trias*, et résoudre ainsi avec toute certitude une question longtemps controversée.

C'est cette loi de la similitude des fossiles dans un même étage géologique qui a permis d'en établir l'étude sur des bases certaines. La nature des roches qui les composent ne peut rien donner de positif. Ainsi on a reconnu, dans les Alpes et les Pyrénées, l'étage de la craie blanche de Meudon dans des assises d'un calcaire très-dur et fortement coloré. D'un autre côté, MM. de Verneuil et Murchison ont rencontré, vers le nord de la Russie, en couches à peu près horizontales, des calcaires d'une texture semblable à cette craie blanche, des argiles et des grès tendres et friables, et ont été très-étonnés d'y trouver des fossiles analogues à ceux des terrains les plus anciens de France et d'Angleterre, et dans le Donetz d'immenses couches d'un combustible ressemblant à nos tourbes les plus aqueuses ont été reconnues comme appartenant au véritable terrain houiller.

Ce que nous avons dit des actions métamorphiques expliquera facilement ces apparentes anomalies, et fera concevoir l'utilité de l'étude des fossiles. Par son moyen, on a pu non-seulement reconnaître en Europe la parfaite identité d'assises dont l'aspect et la composition minéralogique étaient si différents, mais rapporter d'une manière bien positive, aux étages si bien étudiés dans nos contrées, les terrains d'Amérique et d'Australie.

Nous avons dit que le plus grand nombre des géologues regardent les gneiss et les micachistes comme de vrais terrains sédimentaires formés par les détritus arrachés aux roches consolidées, par les pluies torrentielles de cette première époque. Cette opinion est fondée sur leur forme stratifiée et sur des passages presque insensibles du micachiste au gneiss d'un côté, et du côté supérieur à des schistes argileux qui sont certainement sédimentaires. Ce passage a pu avoir lieu soit par la modification que le métamorphisme a pu faire subir à des schistes argileux, comme cela a eu lieu visiblement près de Christiania (Norwége), soit par l'altération que le contact de l'eau, chargée surtout d'acide carbonique, a pu produire sur le feldspath des gneiss. Le feldspath qui domine dans le gneiss et le granite est l'*orthose*, silicate triple d'alumine et de potasse. Cette eau, en l'imprégnant, lui enlève la potasse, et il demeure cette combinaison de silice, d'alumine et d'eau qui forme nos argiles. Le gneiss pourrait donc passer à l'état de schiste argileux. Parmi les roches granitoïdes, il en est

une qui a traversé le granite ancien du plateau central de la France, près de Limoges, et qu'on nomme
pegmatite. Elle est principalement formée de feldspath et de quartz. L'altération que nous venons de
mentionner l'a pénétrée très-profondément, et
l'argile très-pure qui s'est ainsi produite a reçu le
nom de *kaolin* qu'elle portait en Chine. C'est la base
de la fabrication de la porcelaine. Une pegmatite
semblable en Sibérie donne de larges feuilles de
mica employées comme vitres.

Des couches de quarzites qui paraissent être des
grès métamorphisés et à demi fondus, et d'un calcaire presque cristallin, sont quelquefois intercalées dans les gneiss, ou, selon l'expression usitée,
subordonnées ; circonstance qui a paru augmenter
la probabilité de l'origine sédimentaire de tout
l'ensemble. En y joignant les schistes verts de
Belle-Isle, de Bretagne aux environs de Brest, les
ardoises vertes et le calcaire de Bala du pays de
Galles, couches que nous plaçons ici dans leur ordre de superposition, en allant de bas en haut, on
a formé la plus inférieure des grandes divisions
établies par les géologues parmi les terrains sédimentaires. M. Sedgwick qui, le premier, s'est
occupé de cette étude dans le pays de Galles, lui a
donné le nom qui avait été généralement adopté,
de système cambrien, tiré de celui de la peuplade
qui habitait autrefois le pays où il l'observait ;
mais on a dû rapporter à l'étage supérieur une

partie des assises qu'il y plaçait, et M. Élie de Beaumont lui a substitué le nom de Cumbrien, ce système étant très-développé en Angleterre dans le Cumberland. Les talcites de Cherbourg, les schistes bleus et gris, qui du département de la Manche s'étendent dans le Calvados, en font partie. M. Barrande, dont nous avons déjà cité les magnifiques études en Bohême, a divisé les terrains anciens si puissants de cette contrée en sept grands étages, qu'il a distingués en leur donnant le nom des sept premières lettres de l'alphabet. Il avait compris sous le nom de terrains *azoïques*, à cause de l'absence complète de tout corps organisé, l'étage **A**, composé d'énormes masses de schistes micacés puis amphiboliques, qui succèdent au gneiss et que le granite semble recouvrir quelquefois ; et l'étage **B** aussi puissant, formé de schistes grenus à gros ou petits grains, connus autrefois sous le nom de *grauwackes*, surmontés par des schistes argileux mais sans fossiles. On y exploite aux environs de Przibram de nombreux filons de plomb argentifère. Ces deux étages doivent aujourd'hui être compris dans le système cumbrien.

D'après ce que nous avons dit sur les rapides progrès du refroidissement superficiel à cette époque reculée, il dut y avoir de fréquentes ruptures de la croûte consolidée. Les révolutions suivantes et les dépôts sédimentaires ont effacé les traces, sans doute, d'un certain nombre. Cependant en

Bretagne et dans le pays de Galles, M. Élie de Beaumont a pu encore en signaler quatre, auxquelles il a donné le nom de systèmes de la Vendée, du Finistère, du Longmynd, du Morbihan.

IV

Au-dessus du grand étage cumbrien s'étend un étage non moins puissant, étudié depuis longtemps en France par Al. Brongniart ; mais il n'a commencé à être bien connu que par les études de M. Murchison dans le pays de Galles, et de M. Barrande en Bohême. Dans ces deux contrées, toutes les divisions de cet étage existent au complet, tandis que la France n'en présente que quelques parties. M. Murchison lui a donné le nom de *terrain silurien*, du nom de la peuplade qui habitait autrefois le théâtre de ses observations. Ce nom a partout été accepté.

Le sous-étage le plus ancien, dans le pays de Galles, est un schiste assez épais, se débitant en larges feuillets passant quelquefois au calcaire, et se débitant en dalles qu'on a nommées dalles de Llandeilo. Il correspond en Bohême à des schistes argileux formant l'étage C de M. Barrande, et où cet habile géologue place ce qu'il nomme sa *faune* première, principalement composée de trilobites, grande famille de crustacés qui a disparu avec les

terrains palœozoïques. Elle forme plusieurs genres
bien caractérisés, dont quelques-uns subsistent
dans plusieurs étages, d'autres ont eu une existence moins prolongée. Ainsi le genre *trinucleus*
caractérisé par trois bosses très-prononcées sur le
bouclier frontal, n'a encore été rencontré que dans
l'étage silurien inférieur, ce qui a récemment permis à M. Barrande d'affirmer que ce groupe inférieur existait en Belgique, où il n'était pas
connu. On n'en trouve en effet dans le pays de
Galles que dans les dalles de Llandeilo et dans le
grès de Caradoc qui le recouvre. Ce grès correspond à l'étage D de M. Barrande, qui est aussi principalement siliceux. Ce sont des quarzites à Pros-
koles et des schistes feuilletés à Wezela. C'est
dans cet étage qu'il a trouvé les premiers mollusques, parmi lesquels les *conularia pyramidata* et
orthis redux, qui se trouvent dans le grès de May
dans le Calvados. Ce grès appartient donc à l'étage
silurien inférieur, ainsi que l'assise puissante de
conglomérat qu'il surmonte, formée de galets plus
ou moins gros de roches du groupe cumbrien,
unis par un ciment siliceux. Il est inférieur aux
schistes bleus qui fournissent de si belles ardoises
à Angers, dans le terrain silurien moyen.

La partie la plus inférieure du terrain silurien
présente néanmoins un très-petit mollusque de la
famille des brachiopodes du genre *obolus*. Il existe
dans un grès inférieur au grès à fucoïdes de Scan-

dinavie et de Russie, qui appartient aussi à cette division, qui est également très-développée dans l'Amérique septentrionale.

C'est la partie moyenne du système silurien qui, à partir du golfe de la Livonie jusqu'à celui de Finlande, présente des argiles et des calcaires d'apparence crayeuse. Ils y sont horizontaux. On retrouve le même terrain, mais bouleversé, dans l'Oural ; aussi les calcaires y sont devenus durs et fortement colorés, les argiles se sont changées en schistes et grès schisteux. C'est donc aux actions métamorphiques qu'il faut attribuer l'aspect général de ces roches. C'est dans cet étage moyen, correspondant en Angleterre aux argiles et au calcaire de Wenlock et à la partie inférieure des roches de Ludlow, qu'Al. Brongniart a trouvé les premiers trilobites connus. C'est en Bohême l'étage E, dont la base est un schiste passant bientôt à un calcaire assez compacte contenant un grand nombre de trilobites et de brachiopodes. Les céphalopodes commencent à s'y montrer. Ils deviennent très-nombreux dans l'étage F de Bohême, ainsi que dans des calcaires qui y correspondent en Russie et dans la Scandinavie, où ils sont si nombreux qu'ils ont reçu le nom de calcaires à orthocères. On les trouve également nombreux dans les roches de Ludlow qui les représentent dans le pays de Galles. Ils sont aussi partout mêlés à de nombreux brachiopodes et autres mollusques.

L'étage supérieur de Bohême G est un calcaire argileux peu riche en fossiles. Il correspond, dans le pays de Galles aux roches supérieures de Ludlow, qui sont des grès micacés. Au-dessus des roches de Ludlow est un étage de grès, le *tilestone*, qui n'a pas d'équivalent en Bohême, mais qui est probablement celui des marbres de Caunes en Languedoc et de celui de Campan (griotte). Au-dessous des marbres de Caunes il y a une assise de schistes dans lesquels, à la partie supérieure, on trouve quelques amandes calcaires. Ce sont des goniatites comprimées. Les marbres couleur de chair et cervelat de Caunes contiennent des polipiers et des orthocères. Au-dessus, le calcaire entrelacé de parties schisteuses donne le beau marbre griotte, le même que celui de Campan dans les Pyrénées. Ce sont presque des amas de goniatites autour desquelles s'enroulent les feuillets de schistes rouges ou vert foncé. C'est la partie la plus élevée du grand étage silurien.

On rapporte généralement, mais sans preuve, à l'étage silurien, le terrain ardoisier de l'Ardenne, où l'on n'a trouvé aucun fossile. On y a été conduit par sa forme schisteuse qu'on retrouve non-seulement dans les ardoises d'Angers, mais dans la partie moyenne de cet étage en Angleterre, en Bohême, en Scandinavie, etc. Il existe cependant des schistes cumbriens en Bretagne et en Normandie auxquels on pourrait également le rapporter, ainsi que les schistes talqueux des Cévennes. **M.** Élie de Beaumont n'a indiqué dans cet étage qu'une seule fracture, celle qui a produit le soulèvement du Westmoreland et du Hundsruck. Il est probable qu'il y en a eu quelques autres dont les traces sont masquées par les dépôts postérieurs. Nous ne devons pas oublier en effet que la majeure partie de ces terrains anciens s'étend sous les terrains plus récents où nous ne pouvons les suivre; nous les voyons seulement plonger au-dessous, ce qui nous garantit l'ordre de leur succession.

V

Au-dessus de l'étage silurien, on trouve un terrain d'une grande puissance qui le recouvre à stratification discordante. Son grand développement dans le comté de Devon en Angleterre lui a fait donner le nom d'étage devonien. Il y présente une succession de couches très-contournées de grès quelquefois schisteux, de schistes parfois ardoisiers, et de quelques couches de calcaire alternant avec des grès. Au-dessus une série alternative de schistes, de calcaire et de quelques assises de ce charbon non bitumineux qu'on a nommé *anthracite*. Les actions métamorphiques conduisent tous les combustibles fossiles à cette forme, à quelque étage qu'ils appartiennent. Dans les comtés de Devon et surtout de Cornouailles, des masses granitiques ont traversé ce terrain et l'ont fortement modifié en donnant à ses assises une forme complétement cristalline.

En Écosse, cet étage est formé par une puissante masse de grès rouge surmonté par un calcaire noir. On y a trouvé en assez grand nombre des débris de poissons dont on a pu déterminer plusieurs espèces. On les a rencontrés à la partie inférieure du système dans des schistes alternant avec des calcaires. En Bretagne et en Anjou, ce terrain dont on peut, en plusieurs points du bord de la Loire, constater la superposition à l'étage silurien, commence par un poudingue de gros galets de roches cristallines et schisteuses, passant à des grès grossiers et finalement à un grès noir schisteux, offrant des empreintes végétales. Au-dessus quelquefois des couches calcaires et des schistes argileux contenant des couches d'anthracite. Dans la Sarthe et la Mayenne, on exploite deux couches d'anthracite s'étendant sur des schistes à empreintes végétales et surmontées par des calcaires contenant des fossiles devoniens, ce qui ne laisse aucun doute sur leur position (1).

Le terrain devonien est très-développé dans l'Ardenne et le Boulonnais. L'assise inférieure est tou-

---

(1) Ne serait-ce pas une erreur causée par un renversement de couches?

jours un poudingue, la moyenne est un calcaire quelquefois bitumineux, fournissant de beaux marbres noirs à Glageon, Givet, etc. L'assise supérieure est composée de grès micacés. Le poudingue qu'on appelle de Burnot donne des plateaux marécageux et stériles. Il repose à stratification discordante sur le terrain ardoisier. Le calcaire surtout renferme de nombreux fossiles, encore quelques rares trilobites, des céphalopodes orthocères et autres, et une immense variété de brachiopodes.

Le terrain devonien forme en Russie de vastes plaines. Il y a subi peu de modifications et n'est reconnaissable que par ses fossiles. Il plonge sous le terrain carbonifère et, là où ce dernier manque, sous l'étage permien.

VI

Le système carbonifère se compose normalement de trois grandes divisions qui quelquefois manquent en partie. La plus inférieure est une puissante masse principalement de calcaire accompagnée de schistes argileux surtout au-dessous et au-dessus. Il atteint en Angleterre près de 1,000 mètres de puissance, mais, dans les comtés de Derby et de Lancastre, il en a seulement 200. Au nord de ce comté il devient tout à fait arénacé et on y exploite quelques couches de houille. Au nord de la Tyne il offre cinq couches de calcaire séparées par des grès, des schistes et d'excellente houille. Dans le comté de Derby, on l'a nommé calcaire métallifère, à cause des nombreux filons qui le traversent. Pendant qu'il se déposait, de nombreuses éruptions de roches trappéennes ont produit des nappes qui alternent avec le calcaire, mais ne se suivent pas régulièrement.

Le calcaire carbonifère recouvre près de Sablé le terrain anthraxifère devonien de la Mayenne et s'en distingue par ses fossiles. Il en existe un petit lambeau près de Décise en Nivernais, mais il est très-développé dans le Boulonnais, où on l'exploite dans de nombreuses carrières. Il se continue en Belgique, où on l'exploite également. En Russie, il s'étend de Saint-Pétersbourg à Moscou, en deux larges bandes, souvent recouvert par les formations plus récentes et toujours avec l'aspect de nos terrains modernes, tellement qu'on l'exploite comme notre craie blanche pour en faire du blanc d'Espagne. Le calcaire carbonifère forme tout le vaste bassin du Donetz. C'est dans ce sous-étage qu'on trouve de nombreuses et puissantes couches de houilles, mais qui, n'ayant pas été soumises, non plus que tous les terrains palœozoïques de Russie, à cette sorte de cuisson produite partout ailleurs par les actions métamorphiques, sont encore moins propres que notre tourbe à tous les

usages habituels de la houille, d'après les observations multipliées de M. Guillemin, ingénieur,
directeur des chemins de fer de Russie.

La division moyenne de cet étage a reçu en
Angleterre, le nom de *millstone grit* (grès à grains
de millet) à cause de sa composition arénacée.
On y trouve sur quelques points des couches de
schistes et de houille exploitées. Cette division se
confond en France et en beaucoup d'autres contrées avec la division supérieure qui est le véritable terrain houiller.

Les usages si multipliés de la houille ont fait
étudier depuis longtemps déjà les divers bassins
houillers d'Europe et d'Amérique. Les plus ancien-
nement connus sont ceux d'Angleterre, dont l'é-
tendue et la richesse sont immenses. Leur superficie de 1,572,641 hectares est la vingtième partie
de la surface totale de l'île, et pour la quantité de
combustible à exploiter, il faut y ajouter les couches que nous venons de mentionner dans les deux
divisions inférieures. En France, outre les couches
des divisions inférieures, la superficie était seulement de 260,000 environ. Cette évaluation n'est
qu'approximative, car on ne peut encore connaître
jusqu'où s'étendent les bassins du Nord, de la Mo-
selle et du Pas-de-Calais. M. Fournet a démontré
que le bassin de Saint-Etienne et Gier s'étend sur
la rive gauche du Rhône. Des sondages exécutés
d'après sa théorie ont fait reconnaître des couches

exploitables dans les bassins que nous venons de nommer, au delà des limites autrefois connues, et le chiffre que nous avons donné ne comprend pas l'immense terrain houiller des Alpes dans la Savoie et le Dauphiné, mais dont les couches exploitables sont malheureusement en bien petit nombre et peu productives. Ce n'est qu'à la session de la Société géologique de 1861, que la véritable position de ce terrain a été positivement reconnue. Sur quelques données incomplétement étudiées, des savants éminents avaient cru pouvoir le rapporter à la division inférieure de l'étage jurassique. Il est parfaitement certain aujourd'hui que c'est un vrai terrain houiller, ce qui porte la surface totale de ce sous-étage à environ 400,000 hectares, mais sans ajouter beaucoup à la richesse réelle en combustible. La Belgique et les provinces rhénanes offrent une production beaucoup plus considérable, malgré leur peu d'étendue. Il y a de magnifiques terrains houillers au nord de l'Espagne et du Portugal, surtout dans les Asturies, mais ils sont encore imparfaitement connus.

Les autres contrées de l'Europe sont assez mal partagées sous ce rapport : Les exploitations de la Bohême et de la Prusse commencent à prendre de l'importance, et on peut espérer qu'elles prendront plus d'extension. Nous avons dit que la houille du Donetz appartenait à la division inférieure. L'existence du terrain houiller au Spitzberg, peut faire espérer qu'il existe en Sibérie. Le reste de l'Asie nous est encore presque inconnu, hors des possessions anglaises ; l'Afrique encore plus. On a découvert quelques lambeaux de terrain houiller dans quelques îles de l'Océanie, mais c'est dans l'Amérique septentrionale que l'on peut s'attendre à trouver d'incommensurables richesses. Une large bande s'étend du nord au midi et présente une surface égale à plusieurs fois celle de l'Europe. Mais elle a été seulement reconnue et n'a pas encore été étudiée.

Les terrains houillers d'Angleterre et de Belgique, dont ceux du nord de la France sont une extension, reposent sur les étages inférieurs, et leur composition est alors constante. C'est une succession de grès assez fins et en couches minces, de schistes argileux et de couches de houille. Entre les petits lits de grès et les feuillets du schiste se trouvent de nombreuses empreintes de fougères. La houille repose sur les schistes qui, près de son contact, sont ordinairement bitumineux, et elle est assez souvent recouverte par des schistes semblables présentant, entre les feuillets, des nodules de carbonate de fer assez rapprochés et assez nombreux pour être exploités comme minerai. Lorsque l'épaisseur de la couche de houille est assez considérable, elle est souvent partagée par de petits lits de schistes tellement imprégnés de charbon qu'on ne peut les distinguer à la vue que par la

forme aplatie des fragments, mais quand le charbon est brûlé, ils donnent une énorme quantité de
cendre blanche onctueuse au toucher et qui paraît
contenir du talc. Quand les grès sont assez épais,
il n'est pas rare d'y rencontrer des troncs de fougères arborescentes, de calamites, sigillaires, etc.,
dont l'intérieur est tout converti en grès et dont
l'écorce ou l'enveloppe ligneuse est changée en
houille.

Les bassins houillers du centre et du midi de
la France reposent sur des roches cristallines pri-
mitives ou cumbriennes. A la base on trouve un
conglomérat formant d'assez puissantes assises. Il
contient des galets principalement de quartz hyalin
plus ou moins gros, unis par un ciment siliceux
très-dur. M. Emilien Dumas a trouvé dans cette
pâte, à Alais, des parcelles d'or pareilles à celles
qu'on recueille dans les sables du Gardon et de la
Cèze. La grosseur des galets va en diminuant à
mesure qu'on s'élève de manière à passer à un véritable grès. Cet étage inférieur est toujours stérile. Mais dès qu'il n'y a plus que des grès, arrivent les assises de schistes argileux surmontées
par les couches de houille. Au-dessus de nouveaux schistes avec du carbonate de fer, des grès,
des schistes et de la houille se succédant plusieurs
fois, enfin un étage arénacé stérile. Cette composition est constante pour tous ces bassins peu
étendus. Elle paraît pouvoir s'appliquer au plus

grand nombre des petits bassins, partout où on les rencontre. Les bassins très-vastes sont pareils à ceux de la Belgique. L'immense formation houillère des Alpes nous a paru rentrer dans cette règle. Elle s'appuie sur des roches cristallines dont les fragments se reconnaissent à la partie inférieure des conglomérats. La puissance de ces conglomérats et grès est énorme, et les schistes et les couches exploitables n'arrivent qu'à une assez grande hauteur et sont assez rares et peu puissantes.

On a voulu attribuer l'origine de la houille à des transports de végétaux, comme les espèces de radeaux qui se forment à l'embouchure du Mississipi par les arbres qu'il déracine sur ses rives et qu'il transporte jusqu'à la mer; ou à d'immenses forêts se décomposant sur place. M. Elie de Beaumont, en calculant la quantité de bois par hectare de la plus magnifique forêt vierge, a trouvé qu'elle produirait des couches de houille de moins de cinq à six millimètres de puissance. L'hypothèse des radeaux est d'après lui encore moins admissible. Il a fallu en revenir à celle qui est la plus naturelle et la plus satisfaisante. La houille a dû se former comme la tourbe le fait encore, par l'accumulation et la croissance sur place de petits végétaux vivant sur un sol couvert d'une eau peu profonde, sol qui s'enfonçait progressivement sous le poids des débris déjà accumulés.

VII

L'immense groupe de terrain palœozoïque se termine par un grand étage nommé par Alexandre Brongniart *terrain pénéen*, à cause de la rareté des fossiles et l'absence de gîtes métallifères. Mais la découverte d'un assez grand nombre de fossiles et de mines importantes, rendait ce nom tout à fait impropre. MM. de Verneuil et Murchison, qui en ont fait une étude approfondie, ont proposé le nom de permien, du nom de Perm en Russie, capitale d'une province où il est très-développé. La découverte d'un très-petit nombre de fossiles communs avec quelques étages précédents, tandis qu'il n'y en avait aucun qui passât dans les étages supérieurs, a aussi fait reconnaître la convenance de le classer parmi les terrains primaires ou palœozoïques. Les géologues anciens, à cause de l'aspect de ses roches, l'avaient mis dans les terrains secondaires.

Ce terrain avait reçu en Angleterre le nom de nouveau grès rouge (*new red sandstone*), en opposition au vieux grès rouge, (*old red sandstone*) de l'étage devonien. Outre ce grès, immédiatement supérieur au terrain houiller, il présente des marnes rougeâtres et des assises puissantes d'un calcaire magnésien ou dolomie (*magnesian limestone*).

En France, il est très-développé dans les Vosges, où il présente deux puissants sous-étages. L'inférieur est le grès rouge, superposé aussi au terrain houiller près de Forbach. A Ronchamp (Haute-Saône), dans un puits d'extraction pour la houille, on a trouvé, au-dessus des schistes houillers noirs, une argile solide rouge avec mica blanc peu épaisse, surmontée d'un poudingue à galets plus ou moins gros, en grande partie de roches cristallines et de schistes verdâtres, unis par un ciment argileux très-rouge; au-dessus, une couche d'argile endurcie amaranthe et plusieurs couches d'un grès assez fin, également rouge. A la partie supérieure, quelques amas dolomitiques peu suivis peuvent représenter le *magnesion limestone* de l'Angleterre, mais il existe au-dessus une assez puissante formation de grès à grains d'une grosseur variant entre celle du millet et du chenevis, contenant souvent assez de galets quartzeux pour devenir un véritable poudingue. Ce grès qui repose à stratification discordante sur le grès rouge n'a pas d'équivalent en Angleterre. Il n'en a pas non plus en Thuringe où le terrain permien est assez puissant et présente trois grandes assises très-distinctes. L'inférieure est toujours un grès rouge commençant par un poudingue dont les fragments, d'abord assez gros, se réduisent successivement et passent à un grès très-fin. La partie moyenne débute par un schiste argileux grisâtre, surmonté par un schiste bitumineux à feuillets très-minces conte-

nant des grains de cuivre sulfuré en assez grande
abondance pour donner lieu à d'importantes exploitations dans le pays de Mansfeld. On y trouve un
assez grand nombre de poissons. Cet étage moyen
est terminé par un second schiste gris assez clair.
L'assise supérieure est formée par un assez grand
nombre de couches calcaires passant à la dolomie.
Ce troisième étage, équivalent bien certain du
magnesian limestone, a reçu en Thuringe le nom
de *zeichstein*, adopté par les géologues. Les schistes à poissons de Muse près d'Autun paraissent
bien certainement représenter les schistes de
Mansfeld. M. Coquand a également constaté l'existence du terrain permien près de Lodève, en Languedoc, caractérisé par ses poissons et ses fossiles.
En Russie, il constitue une vaste plaine ondulée
s'étendant jusqu'au pied de l'Oural, où un grand
ensemble de grès rouge quelquefois imprégné de
cuivre assez abondant pour être exploité, est surmonté par des calcaires blanchâtres et de grandes
masses de gypse. On a également signalé du gypse
dans le zeichstein d'Angleterre. Il nous paraîtrait
nécessaire de faire à ce sujet de nouvelles études
pour s'assurer si les assises où se trouve le gypse ne
devraient pas être rapportées au trias.

La couleur rouge des grès qui a fait donner à
cet étage par M. Cordier le nom de *pséphites rougeâtres* paraît être due aux porphyres rouges dont
on constate de nombreux épanchements depuis

la période cumbrienne. Cinq grandes fractures
constatées par M. Elie de Beaumont depuis celle
du West-Moreland et Hunsdruck à la fin du système silurien nous paraissent confirmer la pensée
que quelques-unes ont pu échapper aux investigations de cet habile observateur, pendant les dépôts siluriens. Ce sont celles des Ballons (Vosges),
du Forez, du nord de l'Angleterre, du sud du pays
de Galles et du Rhin.

Nous avons dit que les trilobites avaient pris
leur plus grand développement vers le milieu de
la période silurienne. Déjà vers la fin ils avaient
singulièrement diminué, les céphalopodes et les
brachiopodes s'étaient au contraire multipliés. Les
gastéropodes ne commencèrent à être nombreux
que pendant la période devonienne où les trilobites disparaissent à peu près. Il est à remarquer
que plusieurs de leurs genres ont paru assez tar-
divement et ont disparu au bout de peu de temps,
tandis que le genre *phacops*, l'un des premiers ap-
parus, a été le dernier à disparaître. Les acéphales
autres que les brachiopodes y ont été fort rares.
Les poissons, rares à l'époque silurienne, se sont
multipliés à l'époque devonienne et même dans
les schistes permiens.

Nous avons dit que l'immense proportion d'a-
cide carbonique existant dans l'atmosphère à ces
époques reculées ne pouvait permettre de vivre à
aucun animal terrestre. Les dépôts de combus-

tibles que nous exploitons aujourd'hui avec tant d'avantage ont condensé une très-grande quantité de ce carbone et ont rendu l'air plus respirable. Il ne l'était point encore assez pour des mammifères, et on ne peut être étonné que les premiers quadrupèdes qui aient paru aient été des quadrupèdes ovipares. Ceux qui existent encore aujourd'hui sont presque tous amphibies. Il a paru un saurien dans la période houillère. Ils se sont un peu plus multipliés pendant la période permienne, mais sans atteindre des dimensions considérables.

On ne peut douter qu'il n'y eût une végétation luxuriante dès les premiers moments où un sol solide fut émergé. On croit en trouver la preuve dans les petits dépôts charbonneux de graphite, carbone presque pur, puisqu'il ne contient certainement pas plus de quatre parties sur cent de matières volatiles ou terreuses. C'est en graphite que sont nos crayons, et on lui donne le nom de *mine de plomb* à cause de la couleur de ses empreintes, quoiqu'il ne contienne pas un atôme de plomb. Nous ne connaissons d'empreintes de plantes qu'à partir de l'étage devonien. Le système houiller contient une très-grande variété de fougères, des cicadées. Les calamites, plantes de la famille des prêles, avaient une taille égale aux plus grands arbres de nos forêts, mais même dans l'étage permien il n'y a pas de dicotylédons.

VIII

Les terrains secondaires qui occupent le milieu de l'échelle géologique sont divisés en trois grands étages composés chacun de plusieurs membres considérables. Ce sont le trias, l'étage jurassique et l'étage crétacé.

Al. Brongniart a donné à l'étage inférieur le nom de trias, parce qu'il est formé en Lorraine, en Souabe et en Provence par trois grandes assises. L'inférieure a reçu le nom de *grès bigarré*, en allemand *bunter Sandstein*, expressions également employées par les géologues. C'est en Lorraine et en Souabe une puissante masse dont les couches inférieures sont assez épaisses et fournissent de très-belles pierres de taille. C'est un grès à grain fin, d'un rouge vif passant au gris blanchâtre, au violet et au bleu. En s'élevant, les couches deviennent plus minces, grises, et fournissent presque toutes les meules à aiguiser dont on se sert en France. Les couches supérieures, plus minces encore, se débitent en dalles et sont même employées à couvrir les maisons. Ces grès sont quelquefois très-marneux et passent à des argiles teintes des mêmes couleurs. On y trouve quelques empreintes de coquilles, des ossements de sauriens et surtout des empreintes de plantes toutes différentes de celles

du terrain houiller. En Provence, quelques assises minces sont si fortement imprégnées de
chrôme qu'elles ont été exploitées pour en retirer
l'oxide si usité en peinture. Cet étage est très-développé dans le pourtour du plateau central, dans
les Cévennes (Ardèche, Gard, etc.) et dans les Alpes de la Maurienne, où plusieurs géologues célè-
bres l'avaient confondu, comme dans les Cévennes,
avec l'infra-lias. Le grès y est généralement blanc.
Il s'étend aussi dans les Alpes du Tyrol et de Salzbourg, mais il y a été peu étudié.

Le sous-étage moyen porte le nom allemand de
Muschelkalk (calcaire coquiller). Il contient en effet
un grand nombre de coquilles. L'*ammonites no-
dosus, terebratula vulgaris, avicula socialis* sont les
plus répandues et les plus caractéristiques, avec
une encrine, *encrinus liliiformis*. Le calcaire passe
quelquefois à la marne et même à l'argile pure, on
y trouve aussi des assises subordonnées de dolomie. Le muschelkalk de Provence présente les
mêmes fossiles, mais il est moins développé.

Le *muschelkalk* n'existe pas dans le trias des Alpes ni des Cévennes, à moins qu'on ne veuille y
rapporter les assises de dolomie intercalées souvent, dans les Alpes, entre les schistes arénacés de
la base du trias et les gypses, et dans les Cevennes
un calcaire bleu très-dur inférieur aux marnes ;
mais aucun fossile ne justifierait ce rapproche-
ment. On les rapporte au grès bigarré.

L'étage supérieur du trias a reçu le nom de marnes irrisées à cause de la prédominance des argiles et de la variété de leurs couleurs. C'est dans cet étage qu'on exploite en Lorraine cette couche si allongée de sel gemme qui se prolonge à Salins et qui se retrouve de Salzbourg jusqu'au Tyrol. En Souabe, elle paraît être à la partie supérieure du muschelkalk. Dans le puits de Saint-Etienne à Dieuze, on a trouvé le sel à 55 mètres de profondeur. Le sondage poussé jusqu'à 209 mètres a traversé treize couches de sel, la dernière à 190 mètres de profondeur, formant ensemble une épaisseur de 58 mètres 30, séparées par des lits d'argile et de gypse anhydre. Ce sel est très-pur, quoique coloré quelquefois par du peroxide de fer ou un ou deux centièmes d'argile.

Les marnes irrisées fournissent aussi, partout où elles existent, des gîtes considérables de gypse qui généralement n'est hydraté de manière à fournir de bon plâtre que dans les points où il a pu absorber une quantité suffisante d'eau. Dans les puissantes masses qu'en offrent les Alpes, les parties centrales sont anhydres, mais exposées à l'air elles s'hydratent bientôt. Elles y sont souvent accompagnées de schistes violets rappelant tout à fait, par leur coloration, celles des marnes irrisées qu'on nomme en allemand *keuper*, nom qui est très-usité parmi les géologues français pour plus de brièveté. Il est reconnu aujourd'hui que les

gypses du Gard et de l'Hérault appartiennent tous
à cette formation.

Nous ne devons pas oublier de mentionner qu'on
trouve assez fréquemment sur les plaques du grès
bigarré des empreintes de pieds. Dans le Connec-
ticut où cette formation existe, on a trouvé des
pieds d'oiseaux de diverses espèces dont un plus
grand que l'autruche. En Souabe et en Alsace, on
a trouvé des pieds d'un reptile ou peut-être d'un
batracien.

IX

La seconde des grandes divisions des terrains
secondaires, étudiée d'abord dans le Jura, a reçu
le nom de terrain jurassique; elle a été divisée
elle-même en plusieurs sous-étages dont l'inférieur,
nommé par les Anglais *lias*, a souvent un tel développement qu'on a voulu quelquefois l'en séparer, d'autant que dans plusieurs parties des
Alpes il existe seul. Là, comme en Languedoc,
au Mont-d'Or près Lyon, en Bourgogne, en Lorraine, en Allemagne, il commence par une assise
que M. Leymerie a nommé *infra-lias*, nom qui lui
est resté et qui offre des fossiles spéciaux, entre
autres l'*ovicula contorta*, qui en a très-exactement
fait connaître la limite inférieure en Suisse et en
Savoie; M. Leymerie à Lyon et M. Emilien Dumas en

Languedoc y ont recueilli et décrit un grand nombre de fossiles. Calcaire dans ces deux pays et
dans les Alpes, il est formé en Allemagne et en
Lorraine par un grès nommé *quadersandstein* peu
fossilifère, mais qui l'est beaucoup dans le Luxem-
bourg. Cette assise ne paraît pas exister en Angleterre, où le lias commence par deux assises calcaires qui recouvrent l'infra-lias dans les pays que
nous venons de nommer, l'inférieure est blanche
et caractérisée par un fossile très-abondant presque partout, la *gryphœa arcuata* (cette assise n'existe
pas dans les Alpes, dans l'Ardèche). La seconde
est bleue, caractérisée par la *gryphœa cymbium* et
contenant des ossements de nombreuses espèces
de sauriens, dont quelques-uns très-grands, par
des ammonites et un fossile qui paraît pour la
première fois et disparaît avec le terrain crétacé ;
ce sont les *bélemnites* qui devaient être l'ossement
interne de céphalopodes se rapprochant de la
seiche et du poulpe. Ce sont des cônes plus ou
moins aigus dont on connaît un grand nombre d'espèces. Elles sont très-multipliées dans les marnes
bleues recouvrant le calcaire bleu qui y passe par
un calcaire de plus en plus argileux fournissant le
ciment romain à Vassy, en Bourgogne et ailleurs.
Ces marnes contiennent en outre beaucoup de
mollusques, et elles sont couronnées par une assise
de minerai de fer oolitique très-constante en Lorraine ; mais cette assise qui, par ses fossiles, ap-

partient incontestablement au lias, n'existe pas partout.

Au-dessus de l'oolite ferrugineuse et séparée par une mince couche d'argile, on trouve un calcaire peu puissant en Angleterre, mais qui en Lorraine acquiert un développement remarquable. C'est le *calcaire à entroques* que M. de Bonnard a ainsi nommé à cause de la quantité de pentacrinites qu'on y rencontre, associées dans les assises inférieures à de nombreuses térébratules, et vers le haut à des polypiers et un assez grand nombre de mollusques. Les marbriers d'Aix (Provence) ont travaillé comme marbre des blocs de cet étage exclusivement formés de ces étoiles de pentacrinites, et nous en avons vu à Nancy de pareils employés comme pierre de taille. Près de la Voulte (Ardèche), une assise toute de pentacrinites avec quelques térébratules, de 1 mètre 50 cent. de puissance, en est le dernier représentant.

En remontant, on trouve une assise argileuse, le *fullers earth* des Anglais. En Normandie où ce calcaire, partout désigné sous le nom d'*oolite inférieure*, est représenté par un calcaire blanc de 7 à 8 mètres de puissance, tandis que le calcaire à entroques en a souvent plus de trente, le *fullers earth* est représenté par un calcaire marneux bleu, et l'argile de Port-en-Bessin, qui ont de 30 à 35 mètres de puissance. Vient ensuite la grande oolite qui presque partout fournit des matériaux de cons-

truction remarquables par leur beauté et leur
qualité. Outre l'Angleterre, il suffirait de citer le
calcaire de Caen, ceux de Commercy, de Semur.
On a récemment constaté l'existence de cette assise
en Provence, où elle se rallie avec les terrains
jurassiques d'Italie qui, par suite des actions métamorphiques, ont fourni les puissantes masses de
calcaire saccharoïde de Carrare. Nous devons no-
ter qu'en Angleterre, vers la base de la grande
oolite à Stonesfied, dans un calcaire presque schisteux exploité pour dalles minces pour couvrir les
maisons, on a trouvé, en assez notable quantité,
des dents de mammifères appartenant à deux genres de l'ordre des didelphes représenté aujour-
d'hui par la sarigue et l'opossum.

Depuis longtemps déjà les géologues ont reconnu que les sédiments transportés par les eaux,
ont de tout temps varié, soit par leur nature, soit
par leur abondance, et on ne cherche plus à vou-
loir partout retrouver, non-seulement les grandes
divisions, mais en quelque sorte les plus petits détails. Des assises, puissantes en certains lieux, sont
à peine rudimentaires dans d'autres, souvent assez rapprochés, ou disparaissent même complètement, ou, enfin, sont représentées par des couches
d'une nature tout à fait différentes. Ainsi les trois
ou quatre assises argileuses ou calcaires qui séparent la grande oolite de l'argile d'Oxford en Angleterre, représentées encore par des calcaires mar-

neux en Normandie, le sont par des calcaires assez
durs dans le Jura, et toutes ces assises, la grande
oolite, et même l'oolite inférieure, disparaissent
dans le midi de la France, où le lias est immédiatement recouvert, comme à Alais, par de puissantes
assises d'un beau calcaire bleu, que l'on rencontre
déjà sur le bord du Rhône vis-à-vis Valence, et
qui présente les mêmes fossiles que les argiles de
Dives et d'Oxford, et avant la découverte récente
de la grande oolite dans la Haute-Provence, l'étage
jurassique passait pour n'être représenté dans tout
le midi de la France que par le lias, une immense
masse de calcaire oxfordien, et une masse non moins
puissante de calcaire à polypiers, le coral ragh de
l'Angleterre, représentant le calcaire et l'oolite co-
ralliens et les calcaires à nérinées et à astartes de
la haute Bourgogne.

Il en est de même de l'étage supérieur. L'argile de Kimméridge de l'Angleterre avec ses *ostræa
virgula* forme la dernière assise jurassique en Normandie (l'argile de Honfleur), et en Bourgogne
près d'Auxerre, tandis que la belle oolite de Port-
land vient encore se montrer dans la Haute-Marne
dans la belle carrière de Poisson, près Saint-Dizier.

Nous n'avons pas mentionné l'arkose dans les
étages jurassiques en Bourgogne. L'arkose est un
grès à grain de feldspath qui commence la formation jurassique lorsqu'elle repose directement sur
le granite. Les minéraux du granite désagrégés et

entraînés par les eaux, sont repris par un ciment qui forme l'arkose. Aussi en Auvergne trouve-t-on des arkoses dans le terrain tertiaire. L'arkose remplit la place, dans le Morvan, de l'infra-lias.

En Italie, le membre le plus saillant du terrain jurassique est un calcaire rouge à ammonites dont les assises prolongées sont métamorphisées à Carrare. Dans les Alpes, il est réduit au lias et l'infralias. L'un et l'autre sont un calcaire bleu. L'assise à gryphées arquées n'y a pas été rencontrée.

M. de Verneuil a reconnu les terrains jurassiques en Espagne et en Russie, où il a même retrouvé, près de Moscou, la *belemnites Altdorffensis*, qui existe dans les argiles kimméridiennes de Dives et de Châtillon-sur-Seine. En Allemagne, il est le même qu'en France. M. A. d'Orbigny en a reconnu des lambeaux dans l'Amérique méridionale, et M. Marcou dans l'Amérique septentrionale.

Le terrain jurassique s'est déposé dans tout le bassin du nord de la France, depuis Nancy jusqu'au delà de Caen, en sorte qu'il forme une enceinte continue tout autour des escarpements des terrains crétacés qui le recouvrent. Le plateau central émergé dès la période cumbrienne en est également entouré dans toutes les parties où le trias ou les formations antérieures n'étaient pas émergées. On peut s'assurer de son existence à une grande profondeur au-dessous du bassin de Paris par le soulèvement du pays deBray, près de Forges en Normandie, qui l'a ramené au jour, ainsi que les terrains crétacés, au milieu des terrains tertiaires inférieur et moyen. On n'a point constaté de grande fracture pendant tout le temps de son dépôt ; l'écorce solide du globe avait déjà une épaisseur notable et offrait une forte résistance.

X

Les terrains crétacés inférieurs offrent dans le midi de la France un sous-étage si considérable qu'on pourrait être tenté d'en faire une des grandes divisions, comme on l'avait voulu faire pour le lias. Mais dans l'Aube et la Haute-Marne où ses assises sont représentées, il est réduit à des proportions comparables à celles des autres sous-étages : c'est ce qu'on a nommé le terrain néocomien, de l'ancien nom de Neuchâtel en Suisse, *Neocomium*, où M. de Montmollin a reconnu qu'il formait une division bien caractérisée des terrains crétacés, à laquelle on a dû rapporter de puissantes masses déjà étudiées en Provence par M. Élie de Beaumont. Il commence dans le Gard et dans la haute Provence par une assise marneuse ou sableuse caractérisée par des bélemnites plates. Nous ne pensons pas qu'on puisse rapporter à cette assise les sables ferrugineux de Vassy (Haute-Marne). Ils renferment une couche de minerai de fer où l'on trouve des *unio*, fossile d'eau douce, et des cônes de conifères. Ils seraient plutôt les équivalents du terrain lacustre de Weald en Angleterre, que l'on a regardé longtemps, avec les sables également lacustres de Hastings qui leur sont inférieurs, comme les représentants du terrain néocomien qu'on croyait manquer en Angleterre. Les sables de Hastings que M. Coquand a retrouvés dans la Charente, paraissent devoir appartenir au système jurassique et M. Fitton a reconnu dans l'île de Wight quelques-uns des fossiles néocomiens les plus caractéristiques, tels que la *perna mulleti*.

Au-dessus de cette première assise s'élève une puissante masse de calcaire représentée dans l'Aube et la Haute-Marne par une couche de quelques mètres, caractérisée par une espèce d'oursin à qui on avait donné autrefois le nom de *spatangus retusus*, ce qui avait fait donner à ce calcaire le nom de *calcaire à spatangues* qu'on lui donne encore souvent, quoique M. Agassitz ait reconnu que ce prétendu spatangue était un *toxaster* qu'il a appelé *complanatus*. Cette assise qui atteint 500 à 600 mètres de puissance forme la chaîne qu'on nomme des Alpines et celle du Leberon, sur les deux bords de la Durance, et en grande partie celle des basses Cévennes dans le Gard. Elle est séparée, par des marnes à placunes qu'on retrouve à Vassy, mais quelquefois oblitérées en Provence, d'une autre puissant dépôt de calcaire caractérisé par un fossile que M. Élie de Beaumont avait d'abord cru une dicérate, ce qui l'avait porté à le rapprocher d'un calcaire très-différent des Pyrénées. Goldfuss l'appela *cama ammonia* ; et tout en lui conservant son nom spécifique, on en a fait successivement une requienie, une caprotine, et M. Bayle, qui a fait de si beaux travaux sur les rudistes, le regarde comme leur première apparition. C'est une caprine. Ce fossile a été reconnu pour la première fois à Orgon, ce qui a fait nommer par Alcide d'Orbigny ce dépôt *étage urgonien*. Avec le calcaire à spatangue, il atteint au Mont-Ventoux (Vaucluse) une altitude de plus de 1,900 mètres. Il offre seul à la *Serre de Bouquet* près d'Alais, une puissance de plus de 300 mètres. Il est immédiatement suivi d'un autre dépôt aussi calcaire, caractérisé par le *nautilus requienianus*, le *belemnites semicanaliculatus*, qu'Alcide d'Orbigny a nommé *étage aptien*, de la ville d'Apt (Vaucluse), à peu près aussi puissant. Les caractères pétrographiques de ces trois calcaires sont les mêmes, ayant été modifiés certainement par quelques actions métamorphiques, et il est très-difficile de les distinguer, les fossiles y étant assez rares, excepté dans les localités qui, comme Orgon, ont échappé à ces actions.

L'étage aptien se termine dans le midi par une assise argileuse qui, à Uchaux (Vaucluse), présente de beaux fossiles. Son représentant le *gault*, en Champagne, aux Côtes-Noires près Saint-Dizier, en présente également plusieurs. Là, comme en Angleterre, le gault succède à des sables et des grès ferrugineux, ou plus ordinairement piquetés de points verts, qui ont fait donner à cette assise, en Angleterre le nom de grès vert inférieur. Au-dessus du gault il y a une seconde assise de sables verts qui par cette raison, ont été nommés grès vert supérieur. En France, l'étage du grès vert est représenté à Rouen par la craie cloritée à sca-phites, à *turrilites costatus*, à *ammonites Rothoma-gensis*; dans la Haute-Marne, par des couches sa-bleuses, vertes puis brunes à Frampas, près de Montiérender. C'est cette bande de sable qui reçoit les eaux qui jaillissent aux puits de Grenelle et de Passy. En Belgique, il forme cette assise de pou-dingues si connue sous le nom de tourtia, dont les nombreux fossiles ont été l'objet d'une belle étude de M. le vicomte d'Archiac, de l'Académie des sciences.

M. le vicomte d'Archiac, dont les beaux travaux sur les terrains crétacés du sud-ouest de la France ont débrouillé ce qui, avant lui, était un véritable chaos, a été cependant trompé par les caractères ex-térieurs des sables verts du Mans, qu'à l'exemple de ses devanciers il regardait comme identiques avec la craie chloritée de Rouen. Ils lui sont pos-térieurs, et au dessus d'eux se présentent un assez grand nombre d'assises étudiées en dernier lieu par M. Coquand, dans la Charente. Il leur a donné des noms qui ne sont pas encore adoptés, mais ses recherches, celles de MM. Bayle et Hébert ont établi une correspondance bien remarquable entre ces assises et celles du Languedoc et de la Provence. Leurs travaux ont été guidés par l'examen d'une famille de fossiles bien remarquables par l'épaisseur et la rugosité de leur test, les rudistes, dont la première apparition a eu lieu, comme nous l'avons dit, dans la partie supérieure du terrain néocomien. Il a été reconnu neuf zones de rudistes d'espèces différentes dans chacune d'elles, et la présence de la dernière dans la craie supérieure à Maestricht, a permis de fixer avec certitude la situation de chacune d'elles dans l'échelle des terrains. Les superpositions observées par M. d'Archiac sont exactes, mais les horizons qu'il avait cru pouvoir établir se sont trouvés inexacts, faute d'avoir pu observer la concordance avec les horizons du midi et ceux de Maestricht. La craie tufeau se trouve donc au niveau de la craie marneuse (chalk-marl) de l'Angleterre, de la Belgique et de la France, où elle produit une nappe d'eau bien importante du côté de Sens, de Montereau et Nemours ; et de quelques étages de rudistes. Au-dessus on voit la véritable craie, celle qui a fait donner son nom à tout l'étage, la craie blanche de Meudon, Montereau et d'une partie du département de l'Aube, d'où Alcide d'Orbigny l'avait nommée *étage albien*, surmontée à Maestricht par la craie supérieure, dont on reconnaît quelques lambeaux à Montereau, Meudon, Laversine, Vigny, connus sous le nom de *calcaire pisolitique*. Cette craie supérieure, au moins la craie blanche de Meudon, existe dans les Pyrénées (Leymerie) et dans les Alpes (Lory).

M. Lory a étudié les terrains crétacés dans l'Est de la France, où ils constituent les montagnes de la perte du Rhône, toute la chaîne de la Grande-Chartreuse. M. Leymerie a étudié ceux qui surgissent de dessous les terrains tertiaires au pied des Pyrénées, d'où ils se prolongent en Espagne, où M. de Verneuil les a observés. M. Coquand les a vus en Algérie où, notamment à Constantine, on trouve presque tous les étages, même les plus élevés. On pense, mais sans beaucoup de certitude, qu'ils existent en Amérique. M. Gaillardot les a reconnus dans le Liban, au-dessus des terrains jurassiques qui existent dans la Syrie. L'étage néocomien observé par M. de Verneuil en Crimée et sur quelques points du pied du Caucase est le premier de ces grands étages qu'on pourrait nommer méditerranéens, et qui peuvent faire connaître l'ancienne étendue de cette mer intérieure.

Une grande fracture, le système de la Côte-d'Or, a séparé les terrains jurassiques des terrains crétacés. Une seconde, le système du Mont-Viso a eu lieu après la période aptienne, et abaissant

sans doute l'axe du Merleraut déterminé par M.
d'Archiac a permis à la mer crétacée de s'étendre
dans le sud-ouest de la France, où les terrains
inférieurs n'existent pas. Enfin une troisième,
que M. Raulin a reconnue dans le Sancerrois, a
mis fin à la période crétacée.

XI

Les terrains tertiaires se divisent aussi en trois
étages. Le géologue anglais M. Lyell a donné à
l'inférieur le nom d'*étage éocène*, au moyen celui
de *miocène* et de *pliocène* au supérieur. Longtemps
le bassin de Paris, si bien connu par les travaux
d'Al. Brongniart, a servi de type, au moins pour les
étages inférieurs. C'était à lui qu'on rapportait
tous les terrains tertiaires; mais on a maintenant
reconnu qu'ils sont beaucoup plus développés en
d'autres lieux. A Paris, le terrain éocène commence par une assise de poudingues dont les galets sont tous des silex de la craie supérieure, surmontée par une couche d'argile à laquelle Brongniart a donné le nom fort impropre d'*argile plastique*. Cette argile n'est pas plastique partout et
beaucoup d'autres argiles sont également plasti-
ques. Les poudingues ne sont pas toujours agglo-
mérés. Au Fay, près de Nemours, M. Élie de Beaumont a constaté qu'ils étaient composés en grande

partie de silex jaspoïdes rouges, que M. le vicomte d'Archiac a reconnus comme se trouvant en place dans le Blaisois. Il en résulterait que les courants d'eau qui ont raviné les terrains crétacés, entraîné tous ces silex, venaient d'une direction ouest un peu sud, et comme ces courants doivent visiblement suivre une direction à peu près perpendiculaire à celle des grandes fractures qui soulèvent leurs bords et produisent cette immense évaporation, ils ne peuvent être la conséquence du soulèvement des Pyrénées, dont la direction est O. 18° N. à E. 18° S. D'ailleurs M. Élie de Beaumont avait pensé que c'était ce soulèvement qui avait mis fin à la période crétacée, parce qu'il avait disloqué les terrains à nummulites qu'on croyait alors dépendre de l'étage crétacé, et nous aurons bientôt à en parler comme d'une des principales assises de l'étage éocène. M. Hébert, le célèbre professeur de la Sorbonne, croit que ces grands bouleversements ne coïncident pas avec la séparation des étages. Il est cependant certain que les assises de poudingues, agglomérées ou libres, indiquent un transport violent, et ne peuvent être dus qu'à un cataclysme. Nous en avons indiqué quelques-uns et nous pourrions y joindre le *quadersanstein* de l'infra-lias.

Au-dessus de cette argile improprement nommée plastique, s'étend dans une partie du bassin de Paris une formation assez puissante de plusieurs assises de sables, d'argiles plus ou moins impures, conte-

nant des couches de lignites et une grande quantité
de pyrites, si nombreuses quelquefois qu'on les a
exploitées pour fabriquer du vitriol (sulfate de fer).
L'usage le plus habituel de ces lignites, qu'on ne
peut employer comme combustible, est d'être ré-
pandus comme amendement sur les terres, après
avoir subi une demi-combustion par une exposi-
tion en tas à l'air libre, où la fermentation les ré-
duits en une véritable cendre. Aussi donne-t-on le
nom de *cendrières* à ces exploitations. Des lambeaux de ce terrain se trouvent jusqu'en Belgique.
Les fossiles qu'on y trouve indiquent des eaux
saumâtres : ce sont des cérites, des mélanies,
des cyrènes, des tortues et des os de mammifères.

Au-dessus, s'élève une puissante formation marine
commençant par des sables très-fossilifères et quelques assises calcaires contenant en grand nombre
un petit fossile ordinairement plat, et dont l'intérieur est formé par une multitude de loges dispo-
sées en spirale; ce sont les *nummulites* que le peu-
ple dit ressembler à des liards, ce qui a motivé
leur nom. Elles sont surmontées par un autre calcaire que la grosseur de son grain a fait nommer
grossier, dont les premières couches contiennent
beaucoup de points verts d'un silicate d'alumine
et de fer, et un cérite qui leur est tout à fait par-
ticulier, le *cerithium giganteum*, le plus grand des
cérites connus. Les premières couches ne fournis-

sent guère que des moellons, sauf sur quelques points tels que Gaillon et Saillancourt près de Meulan. Les assises supérieures prennent un grain de plus en plus fin, et donnent enfin à Saint-Leu la belle pierre connue sous le nom de *pierre de liais*. La partie supérieure consiste en plusieurs couches de sable, grès ou calcaires qu'on a nommés grès de Beauchamp ou sables et grès moyens pour les distinguer des poudingues de l'argile plastique passant souvent à l'état de grès, et des sables et grès de Fontainebleau, qui appartiennent à l'étage miocène. Cette grande formation marine s'étend en Belgique, et Londres est également le centre d'un bassin tertiaire qui lui est correspondant. Au midi de Paris, elle ne s'étend pas au delà de Villejuif où elle se termine assez brusquement.

La formation marine est recouverte par une assise de calcaire d'eau douce assez mince à Saint-Ouen, dont on a voulu lui donner le nom, au lieu de celui de calcaire siliceux qu'Al. Brongniart lui avait donné, et qui ne lui convient que rarement. Dans la partie méridionale du bassin de Paris, ce calcaire dont la puissance atteint alors jusqu'à 25 ou 30 mètres, repose directement sur l'argile plastique et représente seul tous les étages que nous venons de décrire. Ce calcaire, d'un blanc jaunâtre est très-dur et a été exploité comme marbre à Château-Landon, Saint-Ange (Seine-et-Marne), etc.; il est quelquefois très-bitumineux. Il contient des *lymnæa longiscata, planorbis rotundatus, cyclostoma mumia,* une grosse paludine, etc.

Une immense lentille de plus de 80 kilomètres de long, de Jouarre à l'est jusqu'à Meulan à l'ouest, mais dont la largeur n'est guère que de 5 à 6 kil., recouvre ce calcaire lacustre. Elle est formée d'une série d'assises de gypse séparées par des couches de marnes contenant des cristaux quelquefois très-volumineux de gypse, ou des filons de gypse lamellaire ou fibreux et des rognons de strontiane sulfatée. C'est dans cette masse dont la puissance, à Montmartre, dépasse 50 mètres, qu'on a découvert les ossements fossiles de plusieurs mammifères étudiés par Cuvier, entre autres deux espèces de pachydermes d'un même genre qu'il nomma *palæothérium,* dont l'un était de la taille d'un cheval, un autre, dont un squelette presque entier a été conservé, de la taille d'une grande chèvre. On y a trouvé aussi, dans les marnes, plusieurs mollusques, des poissons, des empreintes de plantes. Cette masse de gypse, très-anciennement exploitée, fournit tout le plâtre consommé à Paris et à plus de cinquante lieues à la ronde. Elle est recouverte par une assise de marnes vertes qui s'étendent ensuite sur toute l'assise du calcaire siliceux ou de Saint-Ouen et forme un horizon où on arrête assez ordinairement l'étage tertiaire inférieur. Il nous semble cependant convenable d'y comprendre encore une assise de calcaire lacustre qui la recouvre et où on trouve les mêmes fossiles que dans le calcaire siliceux, et qui, très-développée à Jouarre et tout à fait silicifiée, fournit les meilleures meules de moulin connues. M. Dufresnoy a nommé cette assise *calcaire de Brie*.

Dans le midi de la France, en Italie, le système tertiaire inférieur commence par un ensemble très-puissant, en Provence, d'argiles, de calcaires et de lignites donnant lieu à d'importantes exploitations. Il est beaucoup plus pur que ne le sont ordinairement les combustibles de cet étage, surtout que leurs équivalents du Soissonnais, et se rapproche de la houille. Ces assises contiennent de nombreux fossiles d'eau douce, dont un ou deux paraissent avoir des analogues dans les argiles de Rilly, mais qui se retrouvent presque tous dans les argiles d'Alet (Aude). Cet étage commence à Alais (Gard) par un poudingue dont les galets proviennent du terrain néocomien. Cette formation, à Alais comme en Provence, atteint une puissance de 4 à 800 mètres.

A Alet et sur quelques points de la haute Provence, elle est recouverte par une puissante formation marine étudiée, pour la première fois dans le Vicentin, par Al. Brongniart qui, d'après ses fossiles, n'hésita pas à la rapporter au calcaire grossier de Paris. C'est un ensemble de calcaire, de grès, de marnes, caractérisé par une immense quantité de nummulites, des mêmes espèces que celles qu'on trouve à la base du calcaire grossier. M. Élie de Beaumont, longtemps après, avait, d'après des considérations stratigraphiques, cru devoir le considérer comme la partie la plus élevée du terrain crétacé, et c'est d'après les dislocations qu'il avait subies qu'il avait fixé le soulèvement des Pyrénées, à la limite de l'étage crétacé. M. Leymerie avait voulu en faire un étage épi-crétacé, embarrassé, plus tard, par ces marnes et argiles d'Alet, visiblement identiques au terrain à lignites de Provence, que les auteurs de la carte géologique de France rapportaient à l'étage miocène. Après les belles études de M. le vicomte d'Archiac, il n'est plus permis d'y voir autre chose encore qu'un membre le plus important de l'étage tertiaire inférieur, car il s'étend sur tous les anciens rivages de la Méditerranée. On le retrouve en effet depuis le milieu au moins des Pyrénées jusqu'aux Indes, dans l'Afrique septentrionale et l'Espagne. Ses fossiles les plus nombreux sont identiques avec ceux du calcaire grossier. Là où il s'y rencontre quelques lacunes il est remplacé par un étage argileux rouge lacustre, qu'on rencontre dès le département de l'Hérault, dans le Gard à Boucoiran et Beaucaire (à Saint-Roman), mais surtout dans le bassin d'Aix en Provence où il atteint une puissance de 400 mètres. Le terrain nummulitique en a souvent, dans les Alpes, une non moins considérable.

Cet étage se termine, à Aix, par un ensemble de

marnes feuilletées contenant quelques assises de gypse. Ces marnes contiennent entre leur feuillets de nombreux insectes, des poissons, outre des cyclades, limnées, paludines, mélanies, etc. Les mêmes insectes se sont retrouvés à Gargas (Vaucluse), Saint-Hippolyte de Caton (Gard) dans des marnes et des calcaires feuilletés ; à Saint-Roman près de Beaucaire, on retrouve tous ces mollusques dans un beau calcaire éolitique blanc superposé aux argiles rouges. A Gargas, des dents de palæothérium identiques avec celles de Montmartre, ne peuvent laisser de doute sur la contemporanéité des deux dépôts gypseux.

XII

L'étage tertiaire moyen commence à Paris par une puissante formation marine ; d'abord une assise calcaire à huîtres et très-grosses natices constatée à Larchant, Château-Landon, Saint-Ange (Seine-et-Marne), etc., surmontée par une puissante masse de sable couronnée par une assise plus ou moins épaisse de grès siliceux. On a nommé cette formation *sables et grès de Fontainebleau*, étant très-développée dans la forêt qui entoure cette ville, où les grès sont exploités en grand pour le pavage. Près des rivages de cette mer, ou dans les endroits où elle était peu profonde comme Mont-

martre, Romainville, les sables et même les grès
sont remplis de coquilles. Au-dessus, une nouvelle
formation de calcaire d'eau douce, le calcaire de
Beauce dont les fossiles diffèrent un peu de ceux
des calcaires de l'étage inférieur passant quelquefois à la meulière comme le calcaire de Brie, alternant avec des marnes ou argiles. Cette formation
s'étend au loin à l'ouest et supporte des lambeaux
d'une nouvelle formation marine, connue sous le
nom de *fahluns* consistant presque uniquement en
amas de coquilles brisées, libres ou agglomérées.
Il y a des falhuns au delà de la limite occidentale
du calcaire de Beauce, quelques-uns reposent sur
les roches anciennes en Bretagne. Il y a également des fahluns dans le sud-ouest de la France,
mais, d'après leurs fossiles, ils appartiennent à des
couches diverses plus anciennes. Plusieurs assises
de marnes et molasses appartiennent en Aquitaine à l'étage éocène, d'autres, et divers fahluns
à l'étage miocène. Ils ont été bien déterminés par
MM. de Collegno, Raulin, Leymerie, etc.

L'étage moyen en Provence se compose d'une
seule grande formation marine qu'on peut diviser
en trois assises. L'inférieure, parfaitement distincte, est un calcaire très-marneux bleu foncé,
passant à Barbentane à un calcaire consistant, s'al-
térant cependant facilement à l'air et à l'humidité.
Cette assise, à cause de sa couleur, avait été con-
fondue par M. Marcel de Serres avec les marnes

bleues subappennines qui dépendent de l'étage supérieur. L'étage moyen est un calcaire se taillant avec la plus grande facilité en général, quand il sort de la carrière, devenant ensuite très-dur et très-résistant. Il fournit de magnifiques pierres d'appareil tellement solides que des maisons élevées de deux et trois étages ont des murs de face de 18 à 20 centimètres d'épaisseur et subsistent depuis trois et quatre cents ans. Cette assise contient un grand nombre de coquilles, peignes, vénus, turritelles, etc., et des oursins, *clypeaster altus, échinolampas Francii*, plusieurs scutelles. L'assise supérieure est un grès à grains cristallins de chaux carbonatée provenant de coquilles brisées, avec des grains de quartz. Il n'est guère possible d'assigner la limite entre ces deux étages quand ils se suivent immédiatement, mais on ne trouve dans le supérieur que de très-rares fragments d'oursins, si même il s'en trouve. Mais le plus souvent nous l'avons vu séparé, même quelquefois avec une discordance de stratification. Ainsi à Notre-Dame du Château, un lambeau de ce grès est demeuré adossé horizontalement aux couches néocomiennes redressées, et les étages inférieurs sont au bas de l'escarpement, inclinés de 25 degrés, et la roche néocomienne est criblée de trous de pholades à la base du grès. A l'entrée du tunnel de Beaucaire, l'assise marneuse inférieure repose sur la roche aptienne à son pied, l'é-

tage moyen est adossé à l'escarpement de cette roche, au sommet une dépression est comblée par
un lambeau des argiles rouges couronnées par le
calcaire blanc, dont nous avons parlé plus haut,
correspondant au terrain gypseux; un lambeau du
troisième étage de la molasse le surmonte et forme
les cimes du pic de l'aiguille, de Saint-Roman et
de deux autres pointes qui entourent ce petit
bassin.

On a voulu placer la molasse tout entière dans
l'assise des fahluns de la Touraine et on en con-
cluait que tous les terrains lacustres de Provence
devaient appartenir à l'étage miocène. On a vu
que le terrain à lignite était inférieur au terrain
nummulitique qu'on voulait alors placer dans le
système crétacé. Il n'est donc plus permis de douter de la contemporanéité de l'étage gypseux d'Aix
et de celui de Montmartre. La molasse moyenne,
en Provence, offre un certain nombre de fossiles
de l'étage des sables de Fontainebleau, et si on en
trouve quelques-uns de l'étage pliocène, on en
trouve vingt-deux communs avec le calcaire grossier, et même quatre ou cinq des lignites du Soissonnais. Il est donc impossible de ne pas y voir
l'équivalent de la grande formation marine de l'é-
tage tertiaire moyen à Paris.

A Marseille, la molasse est lacustre, ainsi que
dans une partie de la Suisse où elle porte le nom
de *nagelfluhe*. C'est aussi à cet étage qu'on rap-

porte aujourd'hui le *Flysch* de l'Allemagne et le
Macigno de l'Italie, que longtemps on a cru crétacés. On y rapportait aussi une assise d'argiles et
sables à galets de silex, qui couvre une grande partie
du sol de la Beauce, jusqu'en Normandie, mais des
observations récentes prouvent qu'elle appartient
aux poudingues de l'argile plastique.

XIII

L'étage tertiaire supérieur n'a, dans le bassin
de Paris, que quelques lambeaux incertains, entre
autres un petit amas de gravier fluviatile près de
Montereau, au pied de la colline pisolitique, recouvert par le *leuss*. Il est très-développé en Italie
et dans le midi de la France. Il commence par une
puissante assise d'argiles à fossiles marins étudiées
près de Turin par Brocchi, qui leur a donné le nom
de *marnes bleues subappennines*. A la sortie du tunnel de Beaucaire, on voit les couches de la molasse moyenne plonger avec une inclinaison de
20° sous ces argiles qui sont horizontales et forment le sous-sol de la vaste plaine de Nîmes, du
Gardon au Vidourle. Elle y forme un niveau d'eau
important fournissant plusieurs sources. Il s'y
trouve plusieurs exploitations pour briques, tuiles
et poteries même très-fines. Les fossiles y sont
généralement rares, sauf quelques gîtes privilé-

giés. Sur la rive gauche du Gardon, près de Monfrin, M. l'abbé Berthon, ancien curé de Théziers, y a recueilli tous les fossiles décrits ou nommés par Brocchi et plusieurs nouveaux presque tous vivant encore. Cette assise est également assez développée près de Perpignan et forme le sol de la plaine du Roussillon.

Au-dessus est une formation d'eau douce observée en Provence par M. Matheron, M. l'abbé Berthon l'a observée près de Théziers et une profonde tranchée opérée dans les diluviums alpins pour la déviation du chemin de Saint-Gilles à l'entrée de Beaucaire, en a fait connaître un important lambeau. M. Mathéron y rapporte des poudingues inférieurs au diluvium alpin dans la crau. On y rapporte également les conglomérats d'Issoire, Perriers, Boulade, etc, en Auvergne, formés de galets de granite et surtout de trachytes, où MM. l'abbé Croiset et Jaubert ont trouvé tant de débris d'ossements. Il en est de même des tufs ponceux de Naples et Sorrente où on en a également rencontré. Il y a aussi un dépôt de sables et poudingues ossifères bien connu, dans le val d'Arno en Toscane.

La grande assise des sables des Landes paraît appartenir à la partie supérieure de cet étage. Il est plus développé en Angleterre où deux assises assez importantes de formation marine, le *cragh* inférieur et le *cragh* supérieur, lui appartiennent visiblement. La moitié des mollusques de la première, les trois quarts de la seconde existent dans les mers actuelles.

Au nord de l'Espagne, il avait existé au commencement de cette époque de vastes lacs dans les bassins de l'Èbre, du Duero et même du Tage. Ils ont été comblés par des dépôts très-considérables, où l'on trouve des couches de sel, de gypse et même de souffre donnant lieu à des exploitations importantes. A Cardonne, il y a une véritable montagne de sel. La célèbre saline de Wielicza en Pologne appartient-elle à cet étage? Les terrains tertiaires du bassin de Vienne (Autriche) sont en ce moment l'objet d'investigations très-approfondies. Ils paraissent appartenir aux étages miocène et pliocène. C'est à ce dernier qu'appartient le gisement d'ossements, si connu aujourd'hui, de l'Attique, et si bien étudié par M. A. Gaudry. Les animaux dont les restes y sont littéralement accumulés vivaient pendant la période miocène. De vastes plaines, suivant l'ingénieuse hypothèse de M. Gaudry, reliaient alors le continent grec avec l'Asie Mineure. Au moment où, à la fin de la période miocène, elles s'abîmaient sous les flots, les animaux qui y vivaient se réfugièrent par milliers sur les flancs du Pentélique où ils ne tardèrent pas à périr ensevelis eux-mêmes par les convulsions du sol. Les pluies les y ont repris et les ont transportés et enfouis de noùveau dans l'étroit vallon de Pikermi. M. A.

5.

Gaudry rapporte à l'étage miocène les terrains tertiaires de la Grèce et de la Morée.

M. Elie de Beaumont a compté plusieurs fractures de l'écorce du globe pendant le dépôt des terrains tertiaires. Celle des Pyrénées qu'il avait placée à la fin de la période crétacée, mais M. Raulin a prouvé, par les dislocations dont elle a affecté les terrains nummulitiques, qu'elle devait être plus récente. Il est vrai qu'on a dit que le soulèvement des Pyrénées orientales était beaucoup plus récent que celui des Pyrénées occidentales, et contemporain peut-être de celui des Alpes principales. Les soulèvements du système de Corse et Sardaigne ; de l'île de Wight ; de l'Eurymanthe, tous deux entre les grès de Fontainebleau et les fahluns, ce qui motiverait la discordance que nous avons signalée entre la molasse moyenne et le *safre*, ce grès supérieur des Alpes occidentales ; enfin de la chaîne principale des Alpes. On comprend que les terrains tertiaires tout à fait superficiels, au centre des bassins très-habités, ont été plus facilement explorés que d'autres, où plusieurs dislocations peuvent avoir échappé. Ainsi dans la chaîne des Alpines, de Saint-Remi à Pommerols, le calcaire à spatangue (néocomien) est fortement redressé. Ses couches dirigées E. 15° N. à O. 15° S. plongent à 75°. A Tarascon et Beaucaire, le calcaire aptien a ses couches inclinées seulement de 18° et leur direction est presque exactement per-

pendiculaire à celle des Alpines. Dans la petite
chaîne des basses Cévennes traversée par le chemin d'Alais, à la sortie de Nîmes, il y a plusieurs
variations semblables. Elles peuvent être produites
par le soulèvement des roches fondues intérieures,
poussées par une force insuffisante pour fracturer
entièrement l'écorce et s'arrêtant à quelque distance du sol. M. Hébert a prouvé que, même dans
les fractures qui arrivent à la surface, elles ne
coïncident pas avec la fin des périodes géologiques
qui se terminent lentement, par des assises en
stratification concordante avec celles des terrains
qui succèdent. Peut-être ne doit-on pas, par conséquent, séparer des terrains tertiaires ces assises
formées par des assises de cailloux très-roulés que
Cuvier avait regardées comme produites par les
violents courants d'eau du déluge, et des couches
de marnes sableuses qui couronnent les plateaux
auxquelles on donne le nom de *leuss* qu'elles por-
taient en Alsace et qui sont quelquefois très-
argileuses. Les premières contiennent des ossements de mammifères dont les espèces sont étein-
tes aujourd'hui, pour la plupart. On a reconnu
que ce terrain était composé de couches parfois
assez nombreuses et ne pouvait être produit par
un phénomène unique. On avait donc conclu qu'il
s'était produit pendant une période assez prolongée
et on lui a donné le nom de *terrain quaternaire*.

M. Lyell, en lui donnant le nom de *pléistocène*

semble n'y voir qu'une extension plus récente de son *étage pliocène*.

Ces dépôts se lient d'une manière très-intime avec les dépôts argileux, connus sous les noms de *limon des cavernes* qui forment le sol de la plupart des grandes grottes ou cavernes connues, et où l'on trouve, souvent en abondance, les ossements des mêmes mammifères, et d'autres qui leur semblent particuliers, ours, hyènes, etc., limon qui est distinct de celui qu'y ont apporté des inondations appartenant visiblement à l'époque actuelle. M. le marquis de Vibraye a découvert, dans les grottes d'Arcy en Bourgogne, une mâchoire humaine fossilisée, c'est-à dire où tous les interstices du tissu sont remplis de calcaire, ce qui en augmente la dureté et la densité. C'est le premier vestige bien authentique de l'existence de l'homme, car les haches en silex qu'on trouve en divers lieux dans le diluvium caillouteux inférieur pourraient, à la rigueur, avoir été taillées dans des tranchées, rejetées ou oubliées dans les excavations recomblées. Dans les terrains meubles, au bout d'un temps assez restreint, les traces de remaniement disparaissent entièrement. Dans un tuf calcaire dépendant du calcaire lacustre de l'étage éocène, à Villemer (Seine-et-Marne), nous avons vu des squelettes humains avec des poteries et des médailles romaines. La roche s'était reformée autour d'eux exactement semblable à celle qui

n'avait pas été touchée. L'incroyable quantité de
ces haches trouvées dans le diluvium inférieur de
la vallée de la Somme, annoncerait, dans un voisinage assez restreint, une population considérable ;
et si elle eût existé, on trouverait dans ce diluvium des ossements humains fossilisés comme on y
trouve des ossements d'éléphants, de rhinocéros,
de cochon, etc. Les entailles signalées par M. Lartet sur des ossements fossiles ne peuvent rien prou-
ver de plus. Les hommes qui fabriquaient ces haches auraient pu les essayer sur les os qu'ils pouvaient trouver dans leurs tranchées.

Nous ne contestons point l'existence des hommes
avant le dernier cataclysme. La mâchoire trouvée
par M. le marquis de Vibraye est pour nous une
preuve sans réplique, mais nous sommes beaucoup
moins frappé de celle qu'on voudrait tirer de ces
haches.

XIV

L'effet de la chaleur est de dilater les corps. Il en
résulte que si une cause quelconque produisait sur
un corps une certaine dilatation, il tendrait à absorber le calorique des corps voisins pour pouvoir
se maintenir dans cet état. Ainsi lorsque l'enveloppe solide du globe terrestre ne peut plus se
contracter à cause de la pression du liquide inté-

rieur, l'accroissement de cette pression la maintient sous un volume supérieur à celui qu'elle devrait normalement occuper. Elle doit donc tendre à absorber le calorique de l'atmosphère et produire dans ses couches inférieures un froid très-notable. Cette cause nous a paru expliquer d'une manière naturelle la formation de ces immenses glaciers dont les vastes moraines, les roches polies, les galets striés annoncent l'ancienne existence dans des lieux où il ne pourrait s'en former aujourd'hui. On ne peut guère les attribuer à un exhaussement local du sol, car toutes les études prouvent que c'était un fait général, ce qui, sans la considération que nous venons d'exposer, serait en opposition formelle avec le décroissement graduel de la chaleur superficielle, depuis les époques les plus reculées jusqu'à' la nôtre. C'est la fonte assez subite de ces immenses glaciers qui a répandu au loin, autour de la place qu'ils occupaient, les blocs des roches encaissantes, tombées sur leur surface, et transportées par les glaçons flottants, désignés sous le nom de *roches* ou *blocs erratiques*. Ce phénomène est postérieur aux terrains de transports dont nous avons parlé plus haut et auxquels on a conservé le nom de *diluvium* que leur avait donné Cuvier, quoique reconnus aujourd'hui antérieurs au déluge.

Le plus remarquable de ces terrains est celui qui, entièrement composé de débris de roches des

Alpes, a reçu le nom de *diluvium alpin*. Il couvre
toute la vallée du Rhône et de ses affluents, de
Lyon jusqu'à la mer. A une distance de plus de cinquante lieues des roches dont ils proviennent, la
majeure partie de ces galets a encore deux décimè-
tres de long sur un de large. Leur forme est un
ellipsoïde de révolution, contrairement aux galets
des fleuves généralement très-plats. Ils sont mêlés
de très-peu de sable et si parfois on les voit agglu-
tinés et formant un poudingue, cela tient à une
cause tout à fait locale. Quand on a un peu par-
couru ces terrains, on est effrayé de l'énormité
de la masse qui a été arrachée aux Alpes, et de
la puissance du phénomène qui les a entraînés
à de telles distances. Ils sont recouverts par une
couche, généralement assez mince, d'un *leuss*
rouge et sableux qu'on appelle la terre rouge des
oliviers.

M. Elie de Beaumont a indiqué le soulèvement
qui a produit l'immense chaîne des Andes, où
brûlent encore taut de volcans, comme la révolution qui a produit le déluge universel, le déluge
de la Bible. Aucune des fractures antérieures n'a-
vait imprimé d'aussi fortes traces sur la surface
de la terre. On doit y rapporter également les volcans récents ou encore en activité de toutes les
parties du monde. Nous ne reviendrons pas sur ce
que nous avons dit de ces effroyables cataclysmes. Le déluge a façonné la surface de la terre

telle qu'elle est aujourd'hui. Malgré les éruptions volcaniques actuelles, la température du pôle magnétique, sensiblement égale à celle des espaces vides, semble annoncer que la croûte solide du globe est à peu près arrivée à la limite de son refroidissement, qu'elle ne peut donc plus se contracter de manière à presser sur la portion encore liquide de l'intérieur. La solidification progressive de cet intérieur encore fondu doit-elle produire, comme l'ont pensé plusieurs géologues, des vides qui pourront produire de nouvelles fractures? Nous n'oserions émettre un avis sur ce point. Nous nous bornerons à faire remarquer que la situation actuelle s'accorde parfaitement avec la promesse que Dieu fit à Noé à sa sortie de l'arche, qu'un semblable cataclysme ne se renouvellerait jamais. Sans doute, dans l'époque actuelle il y a encore de nombreuses marques de l'activité que conserve ce liquide intérieur. Plusieurs plages, au bord de la mer, se sont soulevées, même à d'assez grandes hauteurs, conservant les coquilles actuelles qui y vivaient. Nous en avons signalé une près de Marseille. Il y en a même qui se sont soulevées et abaissées à plusieurs reprises, telles que celle du temple de Sérapis à Pouzzoles. La Suède s'émerge séculairement d'une manière notable, tandis que le Groenland s'abaisse. Il y a même des points où des superficies assez étendues se sont abîmées, tel que le Zuyderzée en Hollande et la forêt de Saint-Michel, entre la Normandie et la Bretagne, disparue au douzième siècle.

XV

Les causes qui, aux époques précédentes, ont produit les terrains dont nous avons donné une description sommaire, continuent encore leur action, mais l'abaissement graduel de la température de la surface de la terre rend ces actions moins intenses. Elles sont cependant loin d'être aussi faibles que quelques anciens géologues le pensaient. La quantité de matières entraînées par les rivières est encore considérable. Une seule inondation du Rhône a déposé, sur cinq mille hectares au moins, une couche de limon de plus d'un décimètre de puissance moyenne. Le canal de Craponne, dérivation de la Durance, a fertilisé une grande partie de la Crau, et sur cet ancien dépôt de galets, a déposé huit à neuf centimètres d'une excellente terre qui les a changés en admirables prairies. Une autre dérivation, le canal Crillon, dans moins d'un siècle, en a déposé cinq sur les cailloux du Pontet, près d'Avignon ; et, comme dans la Crau, ces terres ne sont couvertes de cette eau fécondante que pendant un assez petit nombre de jours chaque année. Malgré le courant qui entraîne à l'ouest une partie des sédiments apportés par le grand bras du Rhône, ils s'avançaient dans la mer, pendant les premières années du dix-huitième siècle de 55 mètres par an, et encore de 35 au milieu du dix-neuvième siècle, d'après les observations de M. Surell. Aussi les deltas du Rhône, du Pô, du Nil offrent-ils des superficies de plusieurs centaines de lieues carrées, et ceux du Mississipi, des Amazones et du Gange sont très-comparables à toute la superficie du terrain du bassin tertiaire de Paris et Londres. Toute la partie de ces terrains qui se dépose sous le niveau de la mer contient des coquilles marines, tandis que la partie qui s'élève au-dessus, formée par les inondations des fleuves, contient des coquilles fluviatiles, qui même, au dessous de la mer doivent se trouver mêlées aux marines jusqu'à une faible profondeur. M. Thomassy, l'ingénieur américain, a démontré que pour le Mississipi il existe des courants souterrains qui viennent surgir dans le golfe du Mexique, au delà de l'embouchure du fleuve, formant comme des cratères d'une boue marneuse et salée que l'action des vagues tend à niveler et qui favorise les dépôts des sédiments superficiels. Il pense que le Rhône en a de pareils, ce que confirmerait une observation de M. Fournet, pour ce fleuve près de Lyon. Il appuie sa conjecture sur ce que les accroissements, vers l'embouchure du grand bras, présentent d'abord des îlots que les gens du pays nomment *teys*, qui finissent par se joindre à la côte.

Ainsi il s'en forma un en 1848, que l'on nomma par ce motif le *Tey de la république*, qui avait dèslors plus d'un hectare. Il est déjà joint au continent et de nouveaux teys se sont montrés.

On connaît les formations calcaires produites par des polypiers et qui ont formé un grand nombre d'îles dans les mers tropicales et en forment encore de nouvelles. Les terrains ainsi produits seront moins développés peut-être, mais analogues au *coral-ragh* en Angleterre et dans une partie de la France. Ce qui a reçu le nom de *coral-ragh* en Provence est sans doute contemporain de celui d'Angleterre, mais n'a que bien peu de fossiles.

Enfin, pour compléter la similitude des actions actuelles avec celles qui se sont toujours produites, dans une multitude de nos vallées, il s'opère des formations de combustible, sans doute assez impur, mais qui contient encore assez de carbone pour être utilement employé. Les tourbières offrent dans quelques localités des épaisseurs de plusieurs mètres, supérieures par conséquent au plus grand nombre des couches de houille avantageusement exploitées. La tourbe est au moins comparable aux houilles du Donetz.

Pour compléter cette étude, peut-être voudrat-on demander quelle a pu être la durée des périodes géologiques. Il est absolument impossible d'établir rien de précis à cet égard. Il est facile de constater que, sauf quelques points où des circonstances particulières ont pu occasionner des épaisseurs exceptionnelles comme les formations lacustres de Provence et d'Espagne, la puissance, nous ne voulons pas dire moyenne, mais générale des étages va toujours diminuant, ce qu'il était facile de prévoir puisque l'activité des causes qui ont produit les dépôts a toujours été en s'atténuant. Ainsi la durée qu'ont exigée les dépôts des terrains primaires, si on voulait la comparer à celle qu'ont exigée les terrains secondaires, ne serait nullement dans le rapport de la puissance de ces terrains. Puisque tout est éminemment périodique dans la nature, il semble probable que ces durées soient égales, sans que nous puissions rien présumer encore de leur longueur ; peut-être même le seraient-elles à celles qui doit s'écouler de l'origine des terrains tertiaires jusqu'à la fin de l'époque actuelle, car si nous appliquons les règles que la comparaison des fossiles a fait établir pour la classification des grandes divisions, le terrain quaternaire et la période actuelle ne peuvent être séparées du grand étage tertiaire.

Mais si la science ne peut donner rien de positif sur la durée qui sépare les grandes révolutions du globe, elle fournit des données assez positives pour apprécier le temps qui s'est écoulé depuis la dernière, le déluge biblique. Ainsi Brémontier, chargé par Louis XVI de planter les dunes de l'Aquitaine afin d'arrêter la fâcheuse extension qui menaçait de recouvrir la partie la plus fertile des Landes, a cherché à calculer le temps qu'elles avaient mis à se former. Il a trouvé quarante-deux à quarante-trois siècles. Les belles recherches du célèbre Prony sur le *delta* du Pô, indiquent une durée au plus de quarante-quatre siècles, et une étude sur celui du Rhône, que nous avons communiquée à la Société de Géologie, nous conduit à un résultat identique. M. Marcou avait indiqué, pour la formation du *delta* du Mississipi, une durée de dix-huit à vingt mille ans, mais il n'avait pas tenu compte de l'immense quantité de limon transportée par les inondations, et il ne connaissait pas ces espèces de cratères terreux que font surgir les eaux souterraines surgissant dans le golfe, dont nous avons parlé d'après M. Thomassy. M. Marcou n'appuie son évaluation sur aucune observation positive. M. Thomassy, qui a si parfaitement étudié cette formation si intéressante, nous a affirmé qu'en comparant son étendue totale avec l'immense extension qu'elle a prise en deux cents ans pendant lesquels on a des observations très-précises, il est impossible de lui assigner une durée de plus de quarante-quatre à quarante-cinq siècles.

Nous n'avons pas besoin de faire ressortir avec quelle précision ces chiffres, nécessairement approximatifs, s'accordent avec la chronologie de nos livres saints.

PALÆONTOLOGIE

Nous devons compléter cet exposé par quelques détails très-succincts sur les animaux dont on trouve les dépouilles ou quelques débris dans les couches sédimentaires observées dans l'écorce consolidée du globe terrestre.

Cuvier, et après lui tous les zoologistes modernes, ont établi, dans le règne animal, quatre grandes divisions qu'ils ont nommées *embranchements*. Ce sont les *vertébrés*, les *annelés*, les *mollusques*, les *rayonnés* dernière division qui se lie au règne végétal, ce qui est à remarquer, par les êtres qui forment la limite inférieure des deux règnes, ceux dont l'organisme est le moins développé.

Les *vertébrés* se divisent en deux grandes sections : les *vivipares* qu'on nomme plus généralement *mammifères* ; et les *ovipares* qui comprennent les *oiseaux*, les *reptiles* et les *poissons*. En parlant de la succession des terrains, on a pu remarquer que les premiers vertébrés dont on a rencontré les débris étaient les poissons déjà nombreux dans l'étage Devonien. Quelques sauriens, appartenant à la section des reptiles, ont été rencontrés pour la première fois dans l'étage carbonifère. Des traces de pieds attribuées à des oiseaux ont été observées vers le milieu de l'étage triasique, et les premiers mammifères authentiques dans l'étage jurassique, mais ils n'ont commencé à être bien multipliés que pendant le dépôt des terrains tertiaires. L'apparition de l'homme a eu lieu pendant la période quaternaire.

Cuvier, dont les admirables travaux sur l'anatomie comparée sont si universellement appréciés et servent encore de règle, a remarqué que les mammifères fossiles semblent venir combler toutes les lacunes que l'on avait signalées dans le plan général de la création. C'est surtout à l'aide des dents qu'il a pu caractériser les genres et les espèces des mammifères fossiles, et ses données sont tellement sûres, que plus d'une fois la découverte de notables parties du squelette, est venue confirmer ses prévisions fondées sur quelques fragments de mâchoire.

L'homme forme seul le premier ordre des mammifères, celui des *bimanes*. Nous ne reviendrons

pas sur ce que nous avons dit de la découverte
d'une mâchoire fossile par M. le marquis de Vibraye. Le second ordre, les *quadrumanes* qui comprennent la nombreuse tribu des singes et quelques
autres animaux, est caractérisé par quatre mains
dont le pouce, opposable aux quatre autres doigts
peut saisir et embrasser les objets. Depuis la première mâchoire de singe trouvée à Sansan (Gers)
par M. Lartet, il en a été découvert plusieurs en
Europe, Asie et Amérique, toujours dans les étages miocène et pliocène. M. A. Gaudry en a découvert un squelette entier très-remarquable en Attique.

Le troisième ordre, les *carnassiers*, ont été décou-
verts en grand nombre dans les étages tertiaire et
quaternaire. Sauf les ours dont les molaires sont
tuberculeuses comme celles des animaux qui se
nourrissent de végétaux, ils ont les molaires tran-
chantes. Les genres *Ursus*, *Hyœna*, *Canis*, *Felis*,
qui existent encore, outre quelques espèces de toute
taille, en offrent quelques-unes plus grandes que les
espèces actuelles. Les *amphibies*, quatrième ordre,
ont offert peu de débris, de même que le cinquième
ordre, les *chauves-souris*, dont Cuvier a décrit un
squelette des gypses de Montmartre. Le sixième
ordre, les *insectivores*, sont représentés par quelques espèces, notamment un hérisson trouvé depuis longtemps en Auvergne. Le septième ordre,

les *rongeurs*, sont plus nombreux, et pour plusieurs
espèces ne se distinguent pas nettement des espèces actuelles. Le huitième ordre, les *édentés*, ont
quelques espèces remarquables par la taille, voisines
des fourmiliers et des tatous actuels, surtout le
mégathérium, aussi grand et plus gros que nos éléphants, et un autre paresseux le *mylodon* pres-
qu'aussi gros qu'un bœuf et qui, par les fortes et
longues griffes dont ses pieds étaient armés et qui
enveloppaient les doigts, devait visiblement grim-
per sur les arbres. Le neuvième ordre, les *pachydermes*, dont les doigts sont enveloppés dans des
sabots cornés présente dans les animaux fossiles
comme actuellement les plus gros et les plus grands.
A la tête est le *dinothérium* dont on ne connaissait
que la tête, lorsque M. A. Gaudry en a découvert
plusieurs ossements à Pikermi, dans l'Attique. Il
était au moins moitié plus grand que nos plus
grands éléphants. D'après la conformation de son
crâne applati sur le nez, on voit qu'il avait une
trompe, on en connaît au moins deux espèces. Le
mastodonte très-rapproché des éléphants dont il
diffère par les dents surmontées de mamelons co-
niques au lieu d'une couronne plate. Il y en a huit
ou dix espèces. Les véritables éléphants dont le
plus connu est le *primigenius* vulgairement nommé
mammouth dont on a trouvé un individu conservé
dans le sol glacé, en Sibérie. Sa peau, couverte

d'une épaisse fourrure prouve qu'il devait vivre dans les pays froids. On s'explique ainsi l'immense quantité de ses énormes défenses qu'on trouve en Sibérie. Les *pachydermes* ordinaires dont les *palœothérium* trouvés à Montmartre ont été les premiers animaux fossiles étudiés par Cuvier. Il y en a vingt autres genres perdus et parmi les genres encore existants, on connaît en espèces perdues des hippopotames, des dycotiles, et des cochons.

Les pachydermes à doigts impairs présentent douze espèces de rhinocéros dont au moins une à deux cornes et plusieurs tapirs. On connaît également aujourd'hui plusieurs genres de pachydermes solipèdes à sabots cornés uniques à chaque pied, dont le type actuel est le cheval. On en a trouvé plusieurs fossiles en Amérique où n'existaient, avant la découverte, aucun des genres de cette famille.

Le dixième ordre, les *ruminants*, caractérisé par l'absence d'incisives à la mâchoire supérieure. Excepté les chameaux et les lamas qui ont des espèces fossiles, le pied est fourchu. La famille des cerfs a quelques espèces dans les étages tertiaires supérieurs. La plus remarquable, le *cervus mégaceros* dont on trouve les immenses *bois* dans les tourbières, appartient à l'étage quaternaire. On connaissait deux espèces de giraffes fossiles, M. A. Gaudry en a découvert de nouvelles et même un genre nouveau dans l'Attique. Les divers genres de la famille des bœufs sont représentés dans les étages pliocène et quaternaire. C'est là aussi qu'on avait trouvé quelques représentants de la nombreuse famille des *Antilopes*, lorsque M. Gaudry en a signalé beaucoup d'espèces dont quelques-unes très-remarquables et formant des sous-genres nouveaux dans ces fouilles de l'Attique dont il rapporte les animaux à l'étage miocène.

Le onzième ordre, celui des lamentins et des cétacés, a offert un certain nombre d'espèces fossiles. On signale même un dauphin dans l'étage eocène de Provence, et des baleines dans les étages tertiaires moyen et supérieur. Ces ossements sont généralement assez rares.

Enfin le douzième ordre dont on fait quelquefois une classe distincte, les *Didelphes*, sont remarquables par des ossements nommés *marsupiaux* des deux côtés du bassin, qui soutiennent une poche, dans le ventre de l'animal, dans laquelle les petits, après leur naissance, demeurent jusqu'à ce qu'ils aient atteint tout leur développement. C'est à cette classe qu'appartiennent les mâchoires trouvées dans l'étage jurassique en Angleterre, si toutefois ce sont bien des mammifères. On en a trouvé quelques débris à Montmartre, à Provins, etc. Il est assez étonnant, si ceux de Stonesfield sont bien des didelphes, qu'on n'en retrouve plus ensuite que dans l'étage tertiaire. Les espèces encore vivantes appartiennent toutes à l'Amérique.

Dans les inondations si fréquentes des fleuves de l'époque tertiaire, bien des animaux devaient se trouver pris par les eaux, noyés et entraînés jusqu'au point où le courant cessait de se faire sentir. Ce fait, si commun encore à l'époque actuelle, devait, alors, être encore plus fréquent. On s'explique ainsi facilement pourquoi on retrouve des ossements en grand nombre. Les os des mammifères sont lourds et solides, et lorsque le cadavre balloté par les flots se dissolvait, ils tombaient au fond, et se trouvaient bientôt recouverts par les sédiments postérieurs. On les trouve cependant en plus grand nombre encore, vers la période quaternaire, dans les cavernes qui leur servaient d'habitation et où les carnassiers emportaient leur proie pour la dévorer.

Les ossements des oiseaux sont au contraire grèles et légers, et ils pouvaient facilement se garantir des inondations. Il n'est donc pas étonnant qu'on en trouve en très-petit nombre. Depuis les empreintes de pieds trouvées dans le Trias en Angleterre, en France, en Allemagne, mais qui n'ont point offert d'ossements, on n'en trouve de traces que dans l'étage d'eau douce, le *Weald-clay* entre l'étage jurassique et le crétacé. On en a trouvé deux genres appartenant à l'ordre des *échassiers*, oiseaux de rivage, qui, par conséquent, ont pu être facilement saisis par les eaux. L'Océanie, dans la période quaternaire a offert un *coureur*, le *dinormis*, moitié au moins plus haut que l'autruche. On y a aussi trouvé des œufs fossilisés qui, par leur grandeur, ont dû appartenir à un oiseau d'une dimension au moins triple qu'on a nommé *épiornis*. Ne serait-ce pas le type du fameux oiseau *Roc* des légendes orientales ?

La troisième division des vertébrés, les reptiles sont naturellement beaucoup plus nombreux. Le premier ordre, les *chéloniens* (tortues) se trouvent depuis le trias jusqu'à l'époque actuelle avec ses quatre familles de terrestres, palustres (émydes), fluviatiles et marines. Beaucoup même des plus anciennes appartiennent à des genres encore existants. Le deuxième ordre, les *sauriens* sont beaucoup plus nombreux. Ils se sont montrés dès l'étage antraxifère. Excepté des crocodiles et des alligators, tous appartiennent à des genres perdus. Ils ont été nombreux surtout à l'époque du *lias* à la base des terrains jurassiques. C'est là qu'on trouve la famille des *mégalosauriens*, tous gigantesques, quelques-uns atteignent 30 à 40 mètres de long ; les *ichthyosaures* dont le corps ressemble au marsouin, les nageoires à celles de la baleine, les vertèbres à celles des poissons, mais la tête et les dents sont d'un lézard ; le *plésiosaure* dont le cou et la tête semblent un serpent enté sur un lézard ; les *ptérodactyles*, lézards volants, dont les pieds de

devant déployaient une large membrane ressemblant à celle des chauve-souris. Des sept espèces
qu'on en connaît et qui vont jusqu'au terrain néocomien, la plus grande n'a pas un mètre de longueur totale.

Le 3ᵉ ordre, les *Ophidiens* (serpents), n'est représenté que par six espèces, toutes dans l'étage tertiaire. Le 4ᵉ ordre, les *Batraciens*, où, comme chez
les insectes, les individus subissent des métamor-
phoses, a aussi quelques représentants dans l'étage
tertiaire. Il y en a un petit nombre dans la famille
des grenouilles, et dans celle des salamandres. C'est
à cette dernière qu'appartient la *Salamandra gi-
gantea* des schistes pliocènes, d'Œningen que
Scheuchtzer avait prise pour un squelette hu-
main et décrite sous le nom de *Homo diluvii
testis*. Sa taille, gigantesque en effet, pour une sa-
lamandre, était de 1ᵐ, 50.

Les Poissons, comme nous l'avons fait remarquer, ont laissé des empreintes nombreuses dans
des terrains très-anciens. Elles ne sont un peu en-
tières que dans la division à squelette osseux. Les
poissons cartilagineux (rayes, squales) sont généralement détruits, à l'exception des dents et des plaques osseuses. Le nombre des espèces perdues est
très-considérable et égale au moins celui de tous
les autres vertébrés. M. Agassiz en a donné une
histoire complète. Il les a classés d'après la forme
et le caractère de leurs écailles. Nous regrettons de

ne pouvoir entrer dans le détail de leur énumération. Disons seulement que dans les poissons très anciens comme ceux des Schistes de Muse près d'Autun, la colonne vertébrale (la grande arête) se prolonge jusqu' à l'extrémité du lobe supérieur de la queue.

Le second embranchement, les *Annelés*, contient d'abord les *Insectes*, dont on a trouvé quelques débris dès l'étage carbonifère. On comprend qu'ils sont rares, sauf des circonstances exceptionnelles comme celles où se sont formés les schistes gypseux d'Aix, ceux d'Œningen, ceux plus anciens de Solenhofen. Ce qu'on trouve habituellement sont les parties cornées. Quelques-uns ont été admirablement conservés dans les concrétions transparentes du succin (ambre jaune). On cite de tous les ordres mêmes des scorpions et des araignées. La 4ᵉ classe, celle des *crustacés* a une grande importance à cause de la grande famille des *trilobites* qui appartient aux terrains les plus anciens et qui ont été si bien étudiés par M. Barrande en Bohême. Ils avaient été signalés d'abord par A. Brongniart dans les schistes siluriens (ardoises) d'Anger. Ces animaux offrent une tête généralement très-développée couverte d'une sorte de bouclier frontal. Puis vient le corps formé d'un nombre plus ou moins considédérable d'anneaux transversaux formant trois lobes longitudinaux ; assez ordinairement terminé par un autre bouclier nommé *pygidium*. Les trilobites forment un grand nombre de genres, et de très-nombreuses espèces de toute grandeur jusqu'à 0^m,15 à 0^m,20 de longueur. Ils présentent quelques légères analogies avec les cloportes, et comme eux peuvent se rouler en boule.

On trouve des débris d'animaux voisins des crabes et des écrevisses.

Dans les vrais *Annélides*, on ne peut guère trouver de débris que pour ceux qui s'enveloppent d'un tube calcaire analogue aux coquilles des mollusques. Les plus remarquables sont les *serpules*, tube allongé de formes très-diverses qui couvrent un grand nombre de coquilles fossiles. Ils sont droits, courbés, même enroulés, groupés ou solitaires. On en trouve depuis l'étage devonien jusqu'à l'époque actuelle.

Le troisième embranchement se compose des *Mollusques*, anïmaux mous, comme l'indique leur nom, dont le corps est couvert d'une membrane qu'on nomme *Manteau*, qui, dans le plus grand nombre de cas, sécretent une coquille calcaire à une, deux et rarement à plusieurs valves qui s'est facilement conservée dans la plupart des couches sédimentaires. Ces coquilles forment au moins les trois quarts des fossiles connus, le nombre de celles qn'on a décrites dépasse de beaucoup six mille. Nous avons nommé les plus caractéristiques en parlant des terrains, nous nous bornerons ici à quelques généralités.

Divisés en six classes, la première a reçu le nom de *céphalopodes* parce qu'ils ont une tête bien distincte, armée de huit à dix bras charnus avec de nombreux suçoirs. Les poulpes, les calmars, les seiches ont des ossements internes, cornés chez les deux premiers, calcaire pour la seiche dont l'os est si bien connu de ceux qui élèvent les oiseaux. Les bélemnites si nombreuses, comme nous l'avons dit, de l'origine des terrains jurassiques à la fin des crétacés, étaient des ossements internes. L'*argonaute*, seul, a une coquille uniloculaire. Celles des *ammonites* et des *nautiles*, se composent de loges plus ou moins nombreuses, traversées par un tube qui a reçu le nom de siphon. Il est central chez les nautiles, orthocères, lituites, etc; où les cloisons qui séparent les loges sont unies. Il est dorsal chez les ammonites, ceratiles, baculites, etc; et les cloisons ont plusieurs lobes formant à l'extérieur de petites ramifications souvent très-complexes, qui ont reçu habituellement le nom de *persillures*. Les nautiles qui ont commencé dans l'étage palœozoïque supérieur existent encore. On ne trouve plus d'ammonites après les terrains crétacés.

La seconde classe, les *gastéropodes* ont sous le corps un appareil charnu sur lequel ils rampent comme tout le monde l'a sans doute remarqué chez les limaçons. Presque tous ont une coquille univalve enroulée en spire, quelquefois cependant avec un opercule servant à l'animal à s'enfermer dans sa coquille. Un très‑petit nombre est nu (les limaces). L'enroulement des coquilles est plan chez les planorbes, plus ou moins aigu chez les autres, quelquefois très-allongé et très-pointu.

La 3ᵉ classe, les *acéphales* n'ont plus de tête. Le plus grand nombre est fixé à des rochers par l'une des valves de leur coquille toujours bivalve. Les valves sont unies par un ligament qui sert à l'animal à ouvrir ou fermer sa coquille ; elles se meuvent par une charnière formée de dents entrant l'une dans l'autre. Tout le monde connaît l'huitre, genre encore existant et qui remonte aux terrains jurassiques.

La 4ᵉ classe, les *brachiopodes* auxquels appartient la térébratule, ont deux valves, l'une dépassant l'autre, formant crochet au-dessus de la charnière. Ce crochet est percé d'un trou par lequel passe un muscle qui les fixe. Ils sont ainsi nommés parce que l'animal est pourvu à l'intérieur de bras filiformes, enroulés en cône de chaque côté et qu'il allonge hors‑de la coquille pour prendre sa nourriture.

La 5ᵉ classe, les *Tuniciens* n'ayant aucune partie solide ne peuvent avoir laissé de fossiles. La 6ᵉ, les *Bryozoaires* longtemps pris pour des polypiers, sont de vrais mollusques contenus dans des cellules calcaires qui s'agglomèrent suivant un ordre régulier.

Le 4ᵉ embranchement comprend les *rayonnés,*

les *zoophytes* et les *infusoires*. Le premier ordre des rayonnés, les *Oursins* ont une enveloppe calcaire formée de dix rangs de plaques nommées *ambulacres,* réunies par des plaques intérambulacraires. Leur forme générale est ovalaire. Tous les rangs de plaques convergent au sommet, et au centre de la partie plate inférieure où est la bouche. L'anus a une position variable. Les oursins ont des piquants mobiles qui leur servent de pieds. Les *astéries* ou étoiles de mer, sont des oursins développés et dont les plaques intérambulacraires se replient sous les ambulacres. Les *crinoïdes* sont des cupules à cinq divisions, portées sur des tiges formées de petites plaques rondes ou étoilées, avec un nombre variable de bras formés de plaques pareilles mais plus petites. Les Zoophites ou Polypiers sont des animaux n'ayant qu'une seule ouverture dans le tube digestif, sécretant du calcaire quelquefois en masses si considérables qu'elles forment des récifs ou brisants autour des îles de la mer du Sud. Les infusoires sont généralement extrêmement petits avec des carapaces, ou des espèces de coquilles. Le plus important de tous est la *Nummulite* dont les diverses espèces caractérisent un étage tertiaire d'une grande importance.

PARIS. — DE SOYE ET BOUCHET, IMPRIMEURS, 2, PLACE DU PANTHÉON.